RAHMENTAFELN

Von

鷹 部 屋 福 平
(Dr. Fukuhei Takabcya)
Professor an der Kaiserlichen Hokkaido-Universität Sapporo
Japan

Mit 186 Textabbildungen

Springer-Verlag Berlin Heidelberg GmbH
1930

ISBN 978-3-662-42724-8   ISBN 978-3-662-43001-9 (eBook)
DOI 10.1007/978-3-662-43001-9

Vorwort.

Die statische Untersuchung moderner Rahmentragwerke in der Form von Rechteckrahmen mit fest verknüpften Knotenpunkten ist, vom Standpunkt des Theoretikers aus, so kompliziert, daß bei mehrstöckigen Rahmen eine Menge Fragen seit Jahren noch der Lösung harren.

Um derlei Schwierigkeiten begegnen zu können, wäre es von Nutzen, wenn eine praktisch durchführbare Methode aufgestellt werden könnte, die, einfach in ihrer theoretischen Analyse, zugleich die mathematischen Schwierigkeiten zu beheben und die langwierige Arbeit der Einzelrechnungen abzukürzen imstande wäre. Die Möglichkeit schneller und genauer Berechnung, welche das im folgenden dargestellte Verfahren der Gleichungstabulierung bietet, möge einen wesentlichen Beitrag auf dem Wege zu diesem lang ersehnten Ziele liefern.

Bei Berechnung statisch unbestimmter Konstruktionen, wie Rahmentragwerken und durchlaufender Träger, muß natürlich die Elastizität des Baumaterials, der Querschnitt der Stäbe u. a. m. in Erwägung gezogen werden. Man muß also zunächst einen Querschnitt annehmen, der für eine gewisse Last auch genügend Widerstand leisten kann. Hierin unterscheidet sich die Berechnung von Rahmentragwerken sehr von derjenigen einfacher Träger und gerader Stäbe.

Die Knotenmoment-Tabellen in der vorliegenden Arbeit stellen eine Zusammenfassung von Berechnungen gegen einhundert verschiedener Rahmen dar, welche mit dem vom Verfasser aufgestellten Verfahren der Gleichungstabulierung durchgeführt worden sind. Sie sollen einmal einen Beitrag zu der erwähnten Querschnittsbestimmung darstellen, zugleich aber auch die in den ersten Kapiteln dargelegte allgemeine Bestimmungsmethode illustrieren.

Die Berechnung von Rahmentragwerken ist ja bislang infolge ihrer statischen Unbestimmbarkeit als ziemlich schwierig und insonderheit diejenige komplizierter Rahmen, wie schon erwähnt, lange als ein unzugängliches Problem angesehen worden; denn die Lösung mit Hilfe des Castiglianoschen Satzes vom Minimum der Formänderungsarbeit herbeizuführen, wäre ein allzu langwieriges Verfahren, um irgendein Problem mehrstöckiger Rahmen ernstlich lösen zu können, während dagegen das Prinzip der virtuellen Verrückungen wieder zu viele Unbekannte im Gefolge hätte.

Versucht man beispielshalber mit einer dieser Methoden die Biegungsmomente eines nur dreistöckigen Rahmens mit zwei Feldern zu berechnen, so würde eine mühselige Arbeit von zwölf Stunden kaum ausreichen, die Bestimmungsgleichungen der erforderlichen Unbekannten aufzustellen. Gewiß hat die Methode der Stab- und Knotendrehwinkel die beschwerliche Errechnung von Hochrahmenwerken merklich erleichtert, wo indessen große Stockwerks- und Felderzahlen zu bewältigen sind, ist diese Methode nicht weniger ermüdend und für praktische Zwecke schwer durchführbar.

Mit dem Verfahren der Gleichungstabulierung jedoch, welches die Probleme hoher Rahmenwerke mit Hilfe fester Regeln lösen will, ist es in der kurzen Zeit

von ungefähr dreißig Minuten, d. h. in der Zeit, die erforderlich ist, die Beiwerte
zu schreiben, gelungen, die Bestimmungsgleichungen für die Unbekannten eines
zwanzigstöckigen Rahmens mit zehn Feldern aufzustellen; mit dem Iterationsverfahren waren sodann die Rechenergebnisse in ungefähr zehn Stunden zu erhalten[1]).

In diesem ganzen Fragenkreis wird man aller Voraussicht nach mit der Zeit
zu noch einfacheren Berechnungsarten kommen, sobald ihm nur einmal größere
Beachtung geschenkt wird.

Erstmals in diesem Frühjahr hatte der Verfasser versucht, an Hand der
genannten Methode ausgedehnte Untersuchungen über die Beanspruchung der
Rahmen anzustellen. Bis zum Sommer waren mit Unterstützung seiner Assistenten
mehr als dreihundert Berechnungen von hochkonstruierten Rahmenwerken aus-
geführt worden. Das Verfahren an sich war ganz einfach, lediglich die große
Zahl der Rechnungen kostete ziemliche Mühe. Aber die Freude des Verfassers,
unbebauten Boden zu beackern, ließ ihn trotz aller Anstrengungen nicht er-
müden und führte ihn so Schritt für Schritt dem Ziel näher.

Bevor dies jedoch erreicht war, hatten im Verlauf der Arbeit manche Probleme
Material beigesteuert. Das Verfahren und die mit ihm neu gewonnenen Ergeb-
nisse brachten weitere Fortschritte durch wechselseitige Vervollkommnung.
Gerade als dieses Buch seinem Abschluß entgegenging, hatte der Verfasser
Gelegenheit, zweihundert Unbekannte zu bestimmen, auf diese Weise wurden
charakteristische Erscheinungen elastischer Formveränderungen an gewissen
Sonderfällen von Blöcken elastischer Stäbe klargestellt[2]).

Nachdem nunmehr ein solcher Grad von Genauigkeit erreicht ist, sind binnen
Jahresfrist die meisten der vom Verfasser untersuchten zahlreichen Hoch-
rahmengebilde einer Lösung zugänglich gemacht worden. Die kleine Zahl beson-
derer Fälle, die bisher noch unberücksichtigt geblieben sind, werden bald einer
solchen entgegengeführt werden. Wahrscheinlich geben ebene Rahmentragwerke
die wichtige theoretische Grundlage für Raumrahmenwerke ab.

Ursprünglich bestand überhaupt nicht die Absicht, die Arbeit als Monographie
zu veröffentlichen. Aber das wiederholt ausgesprochene Bedürfnis nach solchen
Tabellen in interessierten Kreisen hat den Verfasser bewogen, einen Teil seiner
Untersuchungen so bald wie möglich der Allgemeinheit zugänglich zu machen.
Er ist sich dabei wohl bewußt, daß in dem neuen Boden, der hier erst einmal
aufgelockert wird, noch manche Fleckchen und Winkel einer ausgedehnteren
Pflege fähig sind und auch bedürfen. Wenn die Anwendung dieser Theorie weiter-
hin in geeigneter Weise entwickelt und es so ermöglicht wird, das weite Gebiet
der verschiedenen Rahmenwerke mit geringerem Aufwand an Zeit und Mühe
als bisher zu bearbeiten, so wird der Autor sicherlich nicht der einzige sein, der
sich darüber freuen wird.

Zum Schluß möchte der Verfasser nicht verfehlen, den Herren H. Matsusaka
und S. Ono, Assistenten an der Technischen Fakultät der Kaiserlichen Hokkaido-
Universität für ihre stete freundliche Bereitwilligkeit, bei den Rechenarbeiten
zu helfen, auch an dieser Stelle seinen wärmsten Dank auszusprechen.

Berlin, August 1930.   **Fukuhei Takabeya.**

---

[1]) u. [2]) Memoirs of the Faculty of Engineering, Hokkaido Imperial University, Vol. 2,
No. 4. 1930.

Inhaltsverzeichnis.

Zweiter Abschnitt.

Einleitung.

Mit dem glanzvollen Aufblühen des Eisenbeton- und Eisenhochbaues in den letzten Dezennien des vorigen Jahrhunderts entwickelten sich die Theorie und die Berechnungsverfahren von Rahmentragwerken zu ihrem jetzigen hohen Stand.

Bei der Berechnung statisch unbestimmter Systeme ist das Wesentliche die Auswahl der statisch unbestimmten Größen, wobei die Unbequemlichkeiten der Berechnung, welche die Auswertung der Elastizitätsgleichungen bei hochgradiger Unbestimmtheit mit sich bringt, umgangen werden können. Sind verwickeltere Systeme, wie mehrfeldige und mehrstöckige Rechteckrahmen zu berechnen, so verhilft eine systematische Auswahl der statisch unbestimmten Größen und ein systematisch aufgebauter Rechnungsgang zu einer bedeutenden Vereinfachung der Aufgabe, deren Lösung durch Rechenkontrollen jederzeit leicht nachgeprüft werden kann.

Im allgemeinen können wohl bei mehrstöckigen und mehrfeldigen Rechteckrahmen Normal- und Querkräfte unbeachtet bleiben. Wenn nur die Biegungsmomente berücksichtigt werden, ist es in der Regel am einfachsten, die Knoten- und Stabdrehwinkel als statisch unbestimmbare Größen einzuführen. In diesem Falle besteht unser Verfahren in einer mechanischen Tabellenaufstellung von Bestimmungsgleichungen der statisch unbestimmten Größen.

Die Bestimmungsgleichungen zur Berechnung der Unbekannten werden ganz mechanisch und regelmäßig aufgelöst. Unser Verfahren liefert also eine ebenso schnelle wie genaue praktische Lösung statisch unbestimmter Systeme. Die Bestimmungsgleichungen kann man sofort fertig anschreiben, wobei ein Irrtum in der Rechenarbeit fast ausgeschlossen ist. Ferner steht für die Auflösung dieser Bestimmungsgleichungen unser Iterationsverfahren zur Verfügung, das durch Rechenschieberrechnung ebenso genau wie geschwind von den ersten rohen Näherungswerten den genaueren Werten immer näher kommt und schließlich einen bleibenden Endwert erreicht, der von den Werten der genauen Rechnung nicht mehr unterschieden werden kann.

I. Rechteckrahmen mit beliebiger vertikaler Belastung auf den Balken und waagerechter Einzellast in jedem Knotenpunkt auf der vertikalen linken Seite.

§ 1. Grundgleichungen.

Wie schon von mehreren Fachgelehrten, so werden auch hier die Knotendrehwinkel ϑ und die Stabdrehwinkel ψ als statisch unbestimmte Größen gewählt. Unter Knotendrehwinkel verstehen wir den Winkel, um welchen sich irgend ein Knoten des Rahmenwerkes nach der Belastung in der Rahmenwerksebene gedreht hat. Unter Stabdrehwinkel verstehen wir den Winkel, um welchen sich die Verbindungslinie der Endpunkte eines Stabes gegen die ursprüngliche Stellung nach der Belastung in der Tragwerksebene gedreht hat.

Der Grad der statischen Unbestimmtheit ist durch die Anzahl der beiden Drehwinkel gegeben. Das Vorzeichen der Knotendrehwinkel, der Stabdrehwinkel und auch der Knoteneinspannungsmomente ist im Uhrzeigersinne stets positiv, im umgekehrten Sinne negativ anzunehmen (Abb. 1).

Um die bekannten Grundgleichungen zu entwickeln, beginnen wir mit der Untersuchung eines einzelnen, zu einem mehrstieligen und mehrstöckigen Rechteckrahmen gehörigen Stabes, der durch ein Paar sehr nahe gelegene Schnitte an den Knotenpunkten k und s begrenzt sei.

In Abb. 2 stellt $k-s$ die ursprüngliche Lage des Rahmenstabes dar; die Punkte k und s werden nach k' und s' durch die Belastung verschoben.

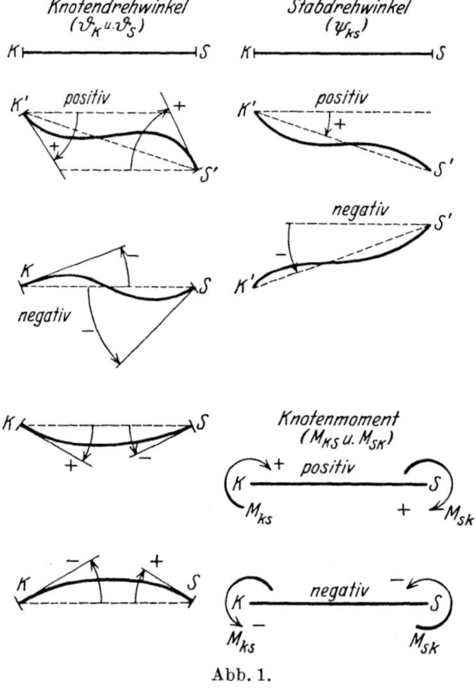

Abb. 1.

Wenn der Stab $k-s$ mit konstantem Trägheitsmoment J_{ks} und konstantem Elastizitätsmodul E durch irgend eine Belastung rechtwinklig zur Stabachse, außerdem aber auch durch die beiden Einspannungsmomente M_{ks} und M_{sk} belastet wird, dann gelten unter Verwendung des Mohrschen Satzes die folgenden bekannten Ausdrücke:

(I)
$$\begin{cases} M_{ks} = \xi_{ks}\{2\,\varphi_k + \varphi_s + \mu_{ks}\} - \mathfrak{M}_{ks}, \\ M_{sk} = \xi_{ks}\{2\,\varphi_s + \varphi_k + \mu_{ks}\} + \mathfrak{M}_{sk}\,{}^*, \end{cases}$$

worin

(II)
$$\begin{cases} \xi_{ks} = \dfrac{J_{ks}}{l_{ks}}, & \mu_{ks} = -\,6\,E\,\psi_{ks}, \\[2mm] \varphi_k = 2\,E\,\vartheta_k, & \varphi_s = 2\,E\,\vartheta_s, \\[2mm] \mathfrak{M}_{ks} = \dfrac{2F}{l_{ks}^2}\{3\,\lambda - l_{ks}\}, & \mathfrak{M}_{sk} = \dfrac{2F}{l_{ks}^2}\{2\,l_{ks} - 3\,\lambda\}. \end{cases}$$

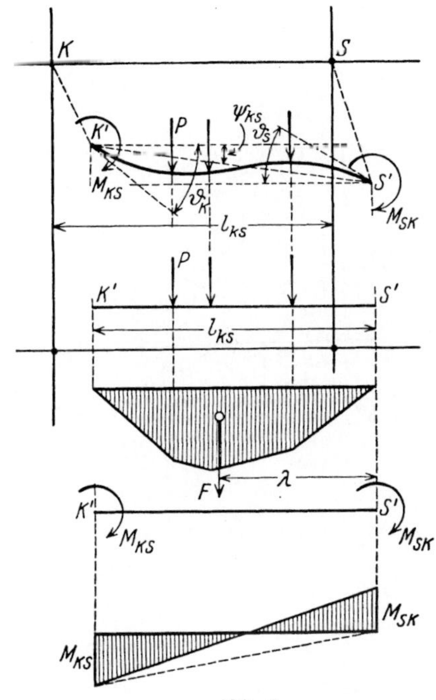

Abb. 2.

$\mathfrak{M}$ stellt dabei den Einfluß der äußeren Belastung des Stabes dar, und F bedeutet den Inhalt der Momentenfläche des freiaufliegenden Trägers (Abb. 2).

Setzt man in Gl. (1)

$$\varphi_k = \varphi_s = \mu_{ks} = 0,$$

so hat man

$$M_{ks} = -\,\mathfrak{M}_{ks},$$
$$M_{sk} = \mathfrak{M}_{sk}.$$

Also stellt mit anderen Worten $\mathfrak{M}$ die negativen Einspannungsmomente des beiderseits eingespannten Trägers dar.

Für eine Einzellast an beliebiger Stelle (Abb. 3) gilt

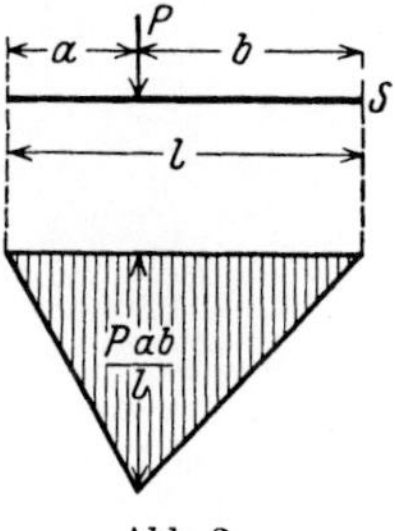

Abb. 3.

$$\mathfrak{M}_{ks} = \frac{P\,a\,b^2}{l^2},$$

$$\mathfrak{M}_{sk} = \frac{P\,a^2\,b}{l^2}.$$

Die folgenden Tabellen Ia und Ib können uns dabei für verschiedene Belastungsfälle gute Dienste leisten.

Fällt in der Gl. (I) der Stabdrehwinkel weg, so lautet die Gl. (I) einfach

(Ia)
$$\begin{cases} M_{ks} = \xi\{2\,\varphi_k + \varphi_s\} - \mathfrak{M}_{ks}, \\ M_{sk} = \xi\{2\,\varphi_s + \varphi_k\} + \mathfrak{M}_{sk}\,{}^{**}. \end{cases}$$

Fällt die vertikale Belastung weg, so lautet die Gl. (I)

(Ib)
$$\begin{cases} M_{ks} = \xi\{2\,\varphi_k + \varphi_s + \mu\}, \\ M_{sk} = \xi\{2\,\varphi_s + \varphi_k + \mu\}. \end{cases}$$

---

* Ostenfeld, A.: Die Deformationsmethode, S. 11. Gl. (7). Berlin: Julius Springer 1926.
** Gehler, W.: Otto Mohr zum achtzigsten Geburtstage, S. 96, Gl. (III). Berlin: W. Ernst & Sohn 1916.

Tabelle I a. Beliebige Belastung.

Belastungsfall

(1)

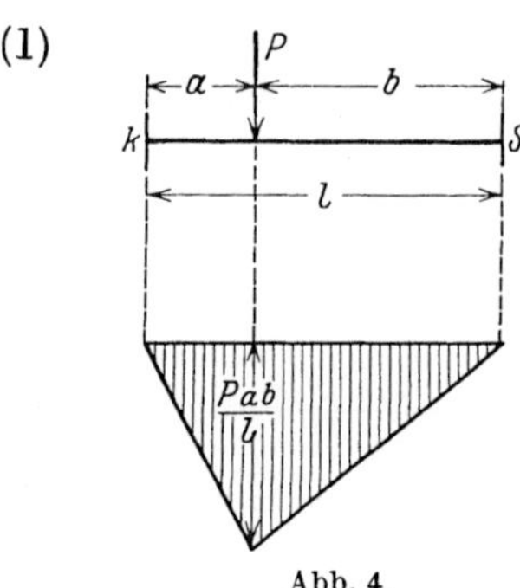

Abb. 4.

$$\mathfrak{M}_{ks} = \frac{P\,a\,b^2}{l^2} = Pl\,\lambda\,v^2,$$

$$\mathfrak{M}_{sk} = \frac{P\,a^2 b}{l^2} = Pl\,\lambda^2\,v,$$

$$\lambda = \frac{a}{l}, \qquad v = \frac{b}{l}.$$

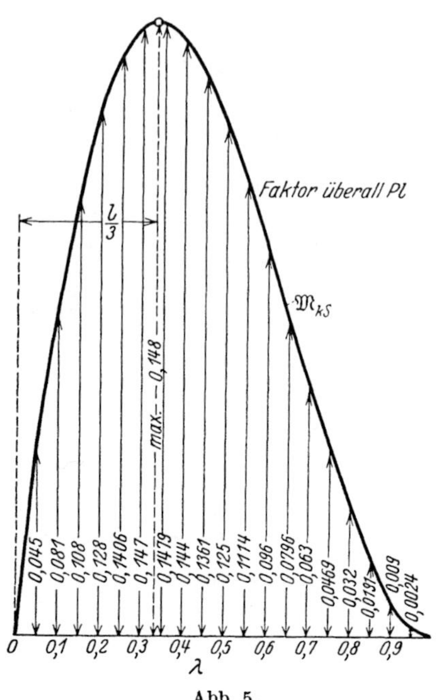

Abb. 5.

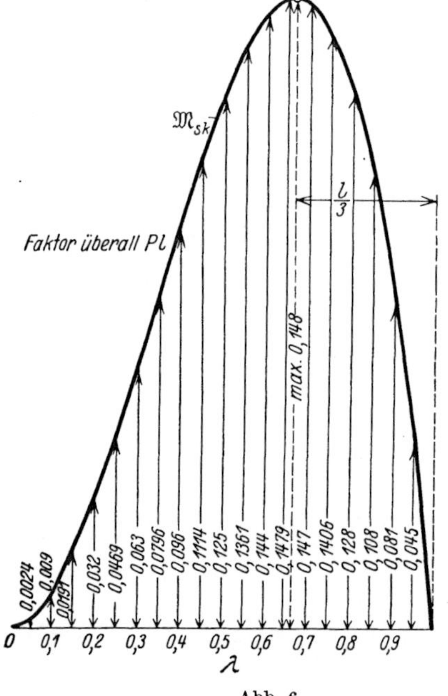

Abb. 6.

Bemerkung:

Für alle vorkommenden speziellen Belastungssysteme, die in den folgenden Tabellen I a und I b nicht angegeben sind, kann man die Werte $\mathfrak{M}_{ks}$ und $\mathfrak{M}_{sk}$ aus den Gleichungen

$$\mathfrak{M}_{ks} = \sum \frac{P\,a\,b^2}{l^2}$$

$$\mathfrak{M}_{sk} = \sum \frac{P\,a^2 b}{l^2}$$

und Tabelle I a (4a) leicht berechnen.

Tabelle I a (Fortsetzung).

Belastungsfall	$\mathfrak{M}_{ks}$	$\mathfrak{M}_{sk}$
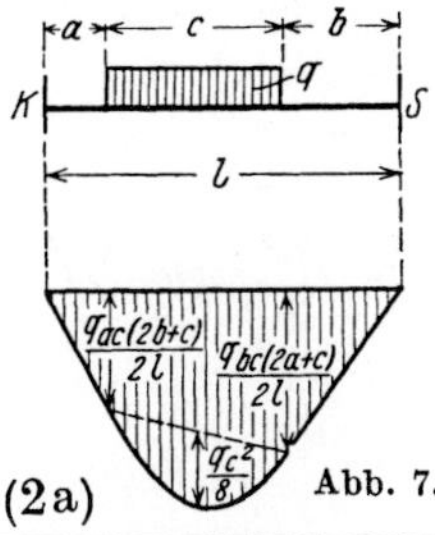 (2a) Abb. 7.	$\mathfrak{M}_{ks} = \dfrac{qc}{12\,l^2}\{12\,ab\,(b+c) + 6b^2c + 4c^2(a+b) + c^3\}$	$\mathfrak{M}_{sk} = \dfrac{qc}{12\,l^2}\{12\,ab\,(a+c) + 6a^2c + 4c^2(a+b) + c^3\}$
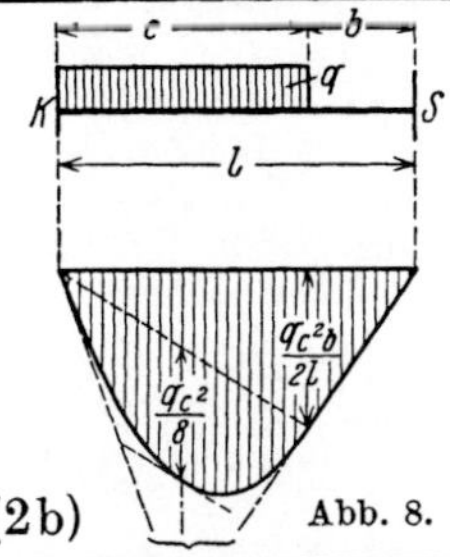 (2b) Abb. 8.	$\mathfrak{M}_{ks} = \dfrac{qc^2}{12\,l^2}\{6b^2 + 4bc + c^2\}$	$\mathfrak{M}_{sk} = \dfrac{qc^3}{12\,l^2}\{4b + c\}$
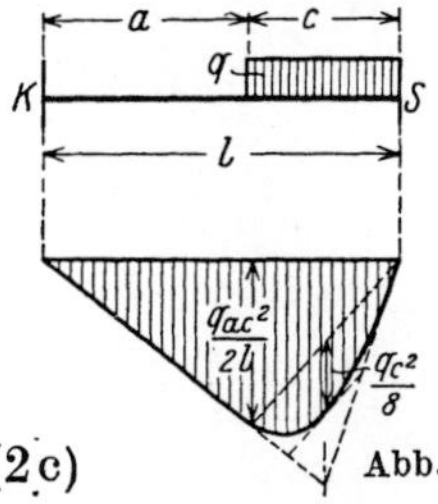 (2c) Abb. 9.	$\mathfrak{M}_{ks} = \dfrac{qc^3}{12\,l^2}\{4a + c\}$	$\mathfrak{M}_{sk} = \dfrac{qc^2}{12\,l^2}\{6a^2 + 4ac + c^2\}$
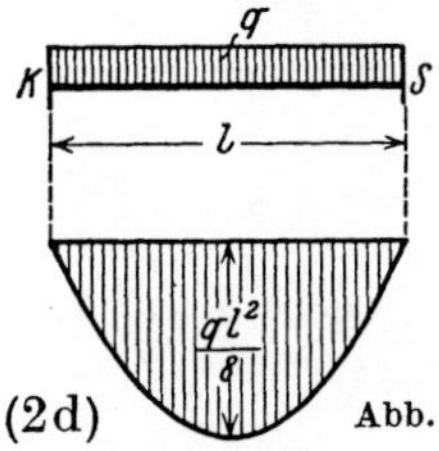 (2d) Abb. 10.	$\mathfrak{M}_{ks} = \dfrac{ql^2}{12}$	$\mathfrak{M}_{sk} = \dfrac{ql^2}{12}$
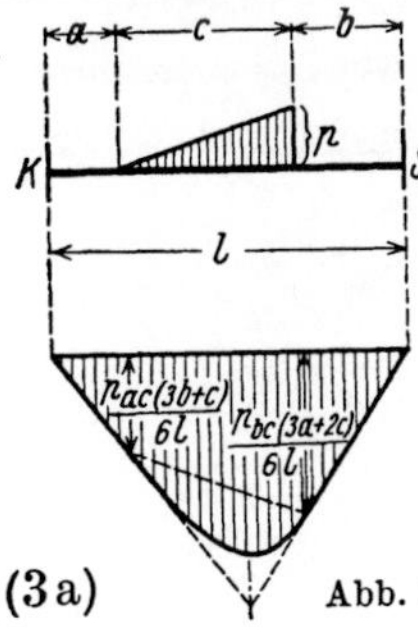 (3a) Abb. 11.	$\mathfrak{M}_{ks} = \dfrac{pc}{60\,l^2}\{20\,bc\,(a+b) + 5c^2(a+2b) + 30ab^2 + 2c^3\}$	$\mathfrak{M}_{sk} = \dfrac{pc}{60\,l^2}\{10\,ac\,(a+c) + 15b\,(2a^2+c^2) + 40\,abc + 3c^3\}$

Tabelle Ia (Fortsetzung).

Belastungsfall	$\mathfrak{M}_{ks}$	$\mathfrak{M}_{sk}$
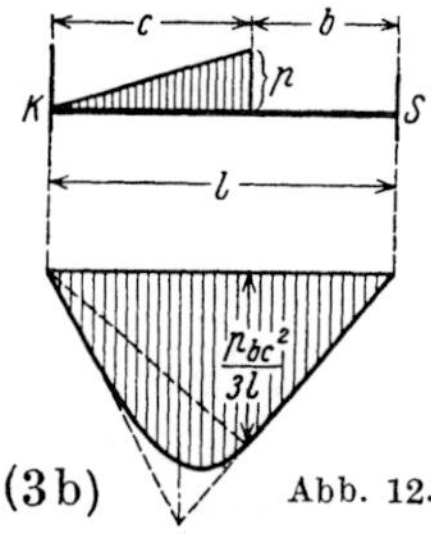 (3b) Abb. 12.	$\mathfrak{M}_{ks} = \dfrac{pc^2}{30\,l^2}\left\{10\,b^2 + 5\,bc + c^2\right\}$	$\mathfrak{M}_{sk} = \dfrac{pc^3}{20\,l^2}\left\{5\,b + c\right\}$
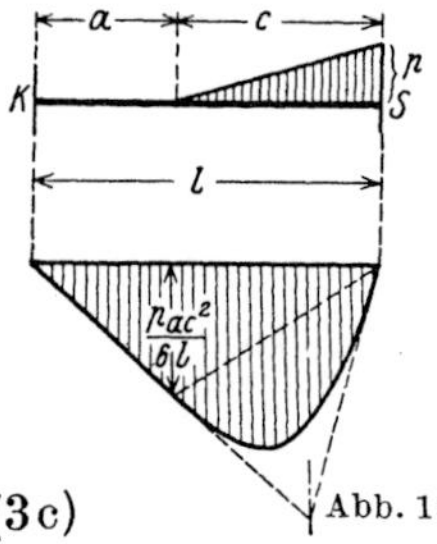 (3c) Abb. 13.	$\mathfrak{M}_{ks} = \dfrac{pc^3}{60\,l^2}\left\{5\,a + 2\,c\right\}$	$\mathfrak{M}_{sk} = \dfrac{pc^2}{60\,l^2}\left\{10\,a\,(a+c) + 3\,c^2\right\}$
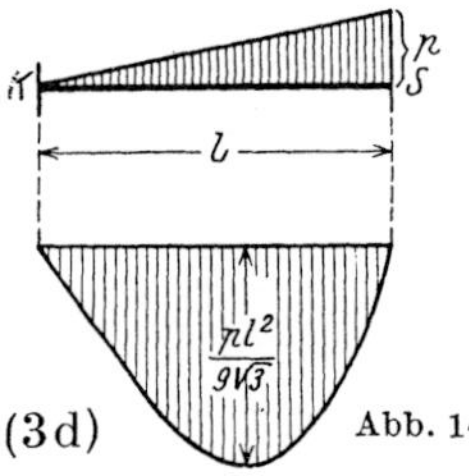 (3d) Abb. 14.	$\mathfrak{M}_{ks} = \dfrac{p\,l^2}{30}$	$\mathfrak{M}_{sk} = \dfrac{p\,l^2}{20}$
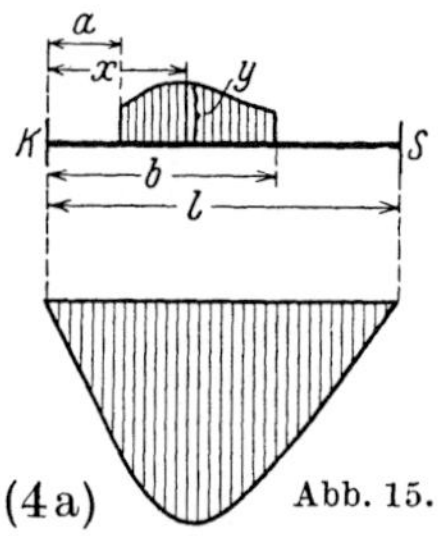 (4a) Abb. 15.	$\mathfrak{M}_{ks} = \dfrac{1}{l^2}\displaystyle\int_a^b y\,x\,(l-x)^2\,dx$	$\mathfrak{M}_{sk} = \dfrac{1}{l^2}\displaystyle\int_a^b y\,x^2\,(l-x)\,dx$
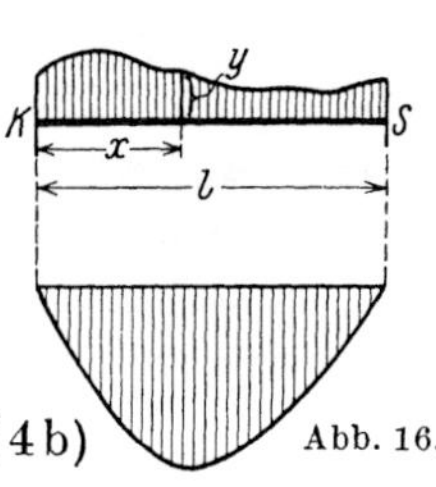 (4b) Abb. 16.	$\mathfrak{M}_{ks} = \dfrac{1}{l^2}\displaystyle\int_0^l y\,x\,(l-x)^2\,dx$	$\mathfrak{M}_{sk} = \dfrac{1}{l^2}\displaystyle\int_0^l y\,x^2\,(l-x)\,dx$

Tabelle Ib. Symmetrische Belastung.

Belastungsfall	$\mathfrak{M}_{ks} = \mathfrak{M}_{sk} = \mathfrak{M}$
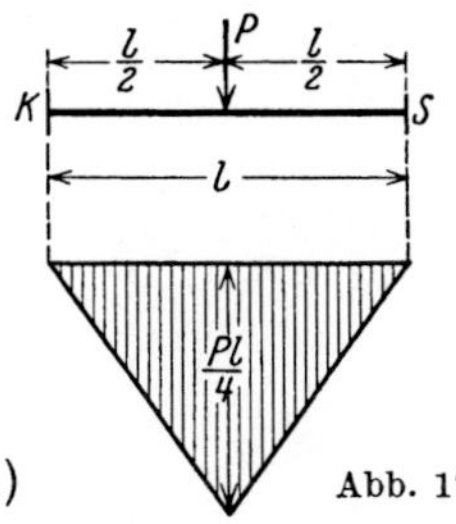 (1) Abb. 17.	$\mathfrak{M} = \dfrac{Pl}{8}$
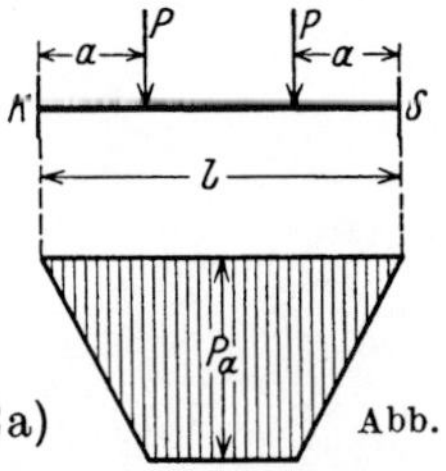 (2a) Abb. 18.	$\mathfrak{M} = \dfrac{Pa(l-a)}{l}$
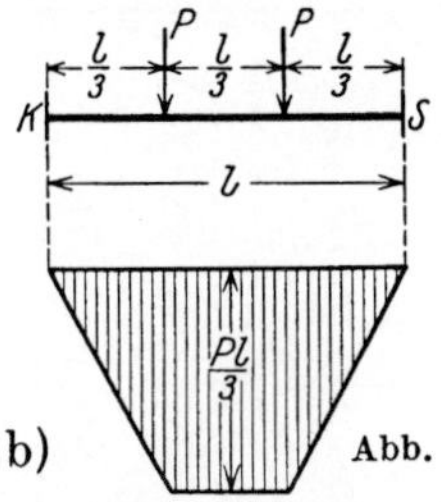 (2b) Abb. 19.	$\mathfrak{M} = 2P\dfrac{l}{9}$
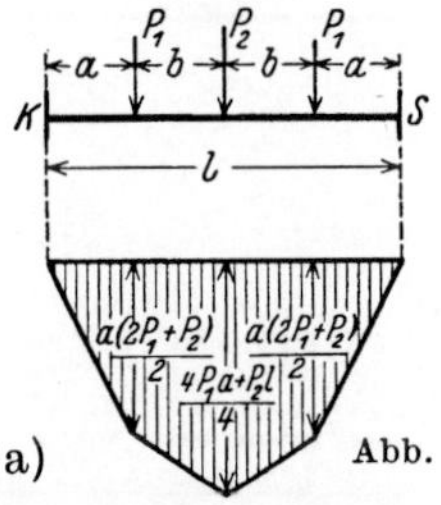 (3a) Abb. 20.	$\mathfrak{M} = \dfrac{(a+b)}{l^2}\left\{2P_1a(a+2b)+P_2(a+b)^2\right\}$
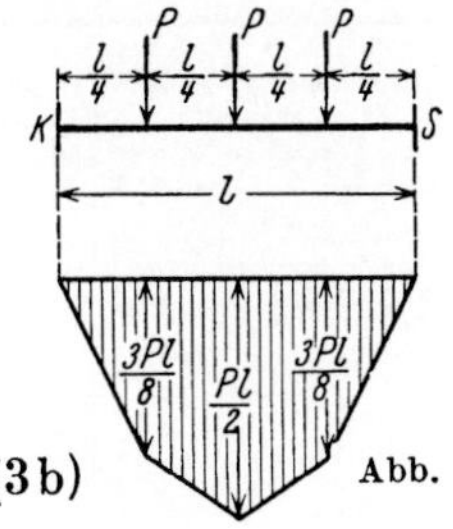 (3b) Abb. 21.	$\mathfrak{M} = \dfrac{5Pl}{16}$

Tabelle I b (Fortsetzung).

Belastungsfall	$\mathfrak{M}_{ks} = \mathfrak{M}_{sk} = \mathfrak{M}$
(4a) 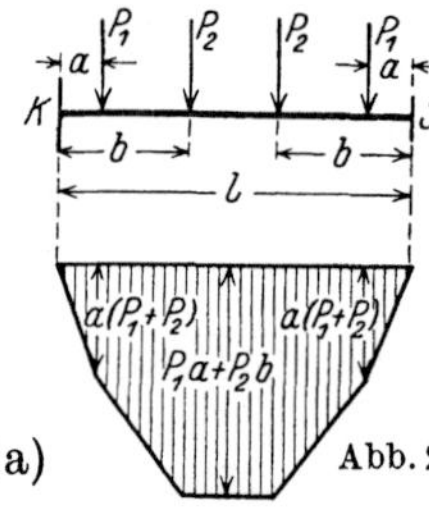 Abb. 22.	$\mathfrak{M} = \dfrac{1}{l}\left\{P_1\,a\,(l-a) + P_2\,b\,(l-b)\right\}$
(4b) 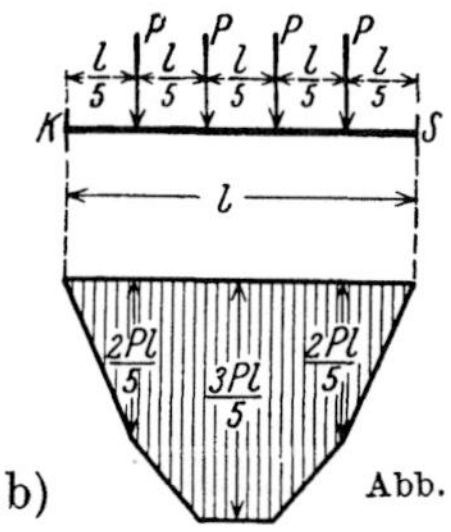 Abb. 23.	$\mathfrak{M} = \dfrac{2Pl}{5}$
(5a) 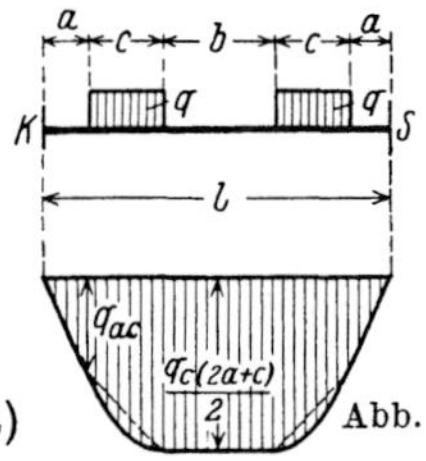 Abb. 24.	$\mathfrak{M} = \dfrac{qc}{6l}\left\{6a\,(l-a) + 3bc + 4c^2\right\}$
(5b) 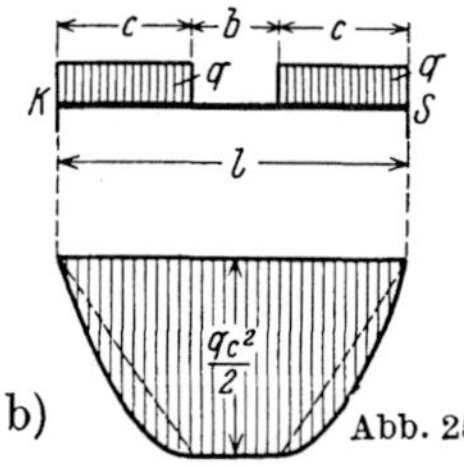 Abb. 25.	$\mathfrak{M} = \dfrac{qc^2}{6l}\,(3b + 4c)$
(5c) 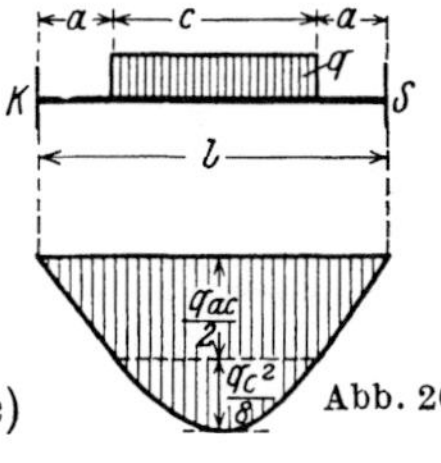 Abb. 26.	$\mathfrak{M} = \dfrac{qc}{3l}\left\{3a\,(l-a) + 2c^2\right\}$

Tabelle 1 b (Fortsetzung).

Belastungsfall	$\mathfrak{M}_{ks} = \mathfrak{M}_{sk} = \mathfrak{M}$
(6a) 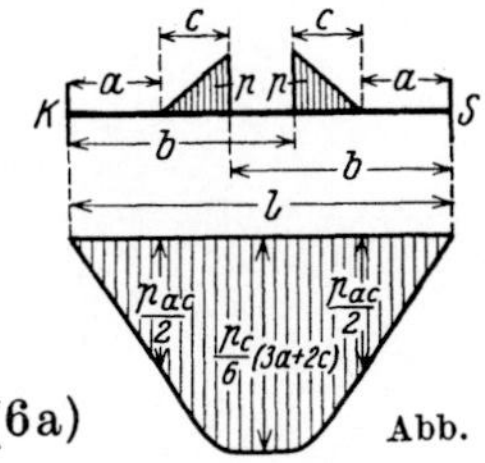 Abb. 27.	$\mathfrak{M} = \dfrac{p\,c}{12\,l}\{6\,ab + 4\,bc + 2\,ac + c^2\}$
(6b) 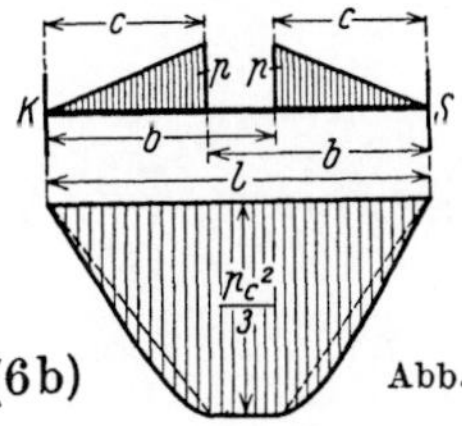 Abb. 28.	$\mathfrak{M} = \dfrac{p\,c^2}{12\,l}(4\,b + c)$
(6c) 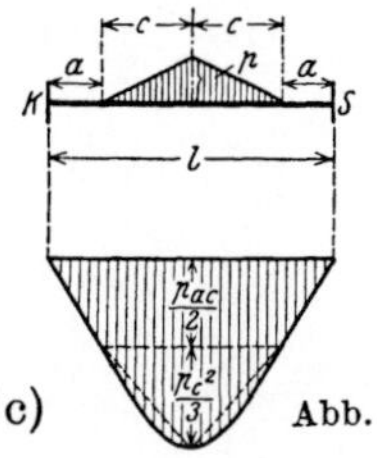 Abb. 29.	$\mathfrak{M} = \dfrac{p\,c}{12\,l}\{6\,a^2 + 12\,ac + 5\,c^2\}$
(6d) 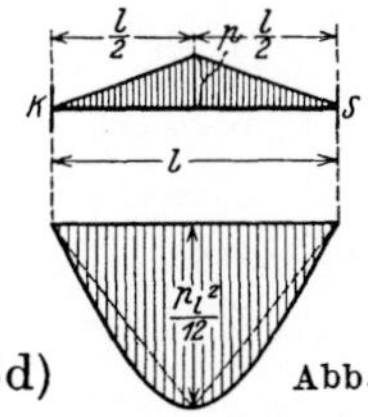 Abb. 30.	$\mathfrak{M} = \dfrac{5\,p\,l^2}{96}$
(7a) 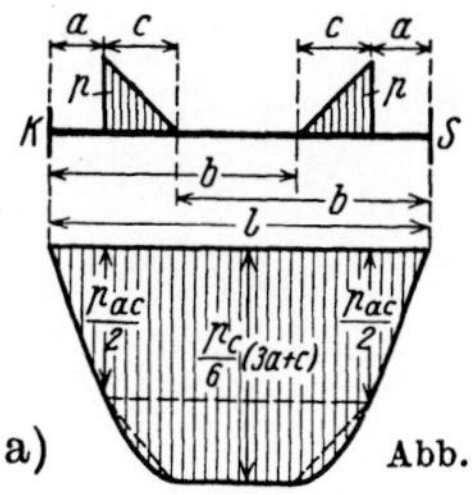 Abb. 31.	$\mathfrak{M} = \dfrac{p\,c}{12\,l}\{6\,ab + 4\,ac + 2\,bc + c^2\}$

Tabelle I b (Fortsetzung).

Belastungsfall	$\mathfrak{M}_{ks} = \mathfrak{M}_{sk} = \mathfrak{M}$
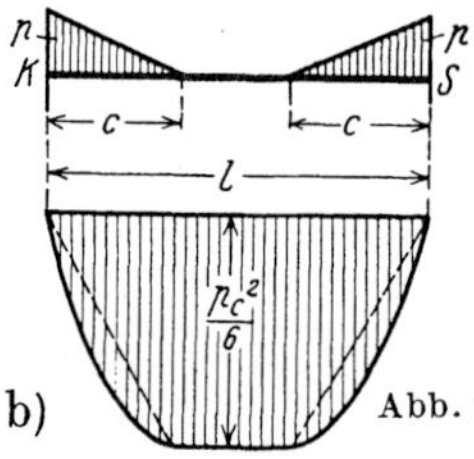 (7 b) Abb. 32.	$\mathfrak{M} = \dfrac{p\,c^2}{12\,l}\,(2\,b + c)$
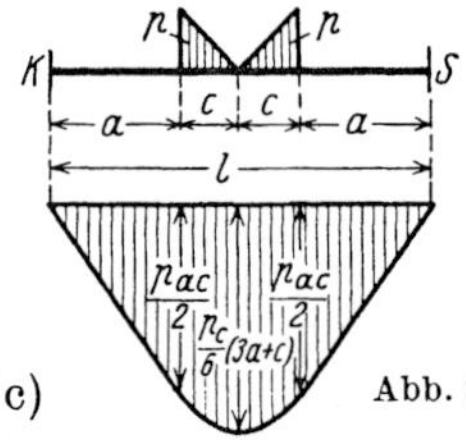 (7 c) Abb. 33.	$\mathfrak{M} = \dfrac{p\,c}{4\,l}\,\{2\,a^2 + 4\,a\,c + c^2\}$
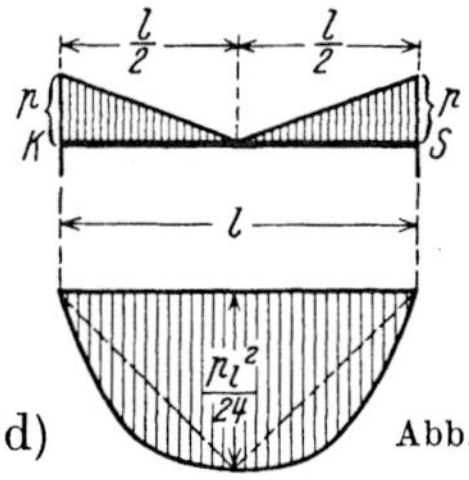 (7 d) Abb. 34.	$\mathfrak{M} = \dfrac{p\,l^2}{32}$
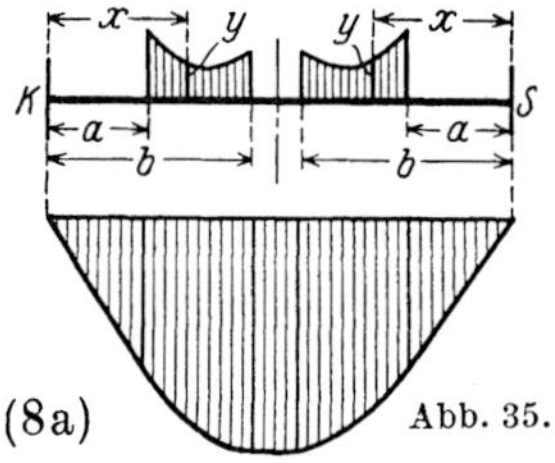 (8 a) Abb. 35.	$\mathfrak{M} = \dfrac{1}{l}\displaystyle\int_a^b y\,x\,(l - x)\,d\,x$
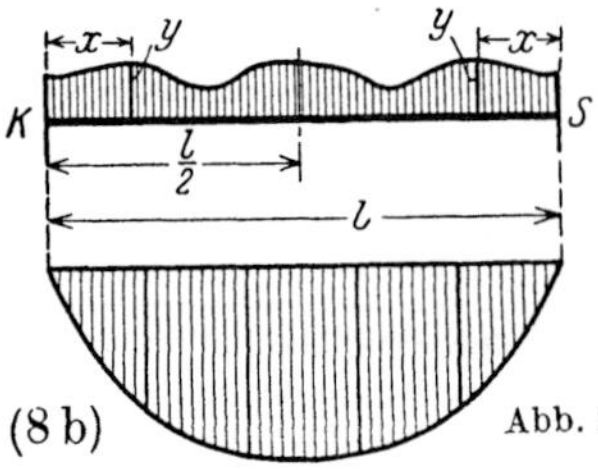 (8 b) Abb. 36.	$\mathfrak{M} = \dfrac{1}{l}\displaystyle\int_0^{\frac{l}{2}} y\,x\,(l - x)\,d\,x$

§ 2. Knoten- und Stabbezeichnungsregel.

In diesem Abschnitt werden beliebige vertikale Belastungsgruppen auf den Balken und waagerechte Einzellasten in allen Knotenpunkten der vertikalen linken Seite des Fachwerkes behandelt (Abb. 37).

Die Knoten- und Stabbezeichnungsregeln sollen dabei folgendermaßen angenommen werden:

1. Die Bezeichnung der Rahmenknoten soll nach der in Abb. 38 (A) gezeichneten Richtung, also zickzackförmig, angenommen werden.

2. Die Größe ξ, welche aus Gl. (II) für Balken und Ständer berechnet wird, soll ihre Bezeichnung nach Abb. 38 (A) und Abb. 38 (B) haben: für die Indizes von ξ verfährt man in ganz derselben Weise wie bei der Knotenbezeichnungsregel; für die Indizes von ξ' nimmt man diejenige Bezeichnung, die der darunter liegende Knotenpunkt besitzt.

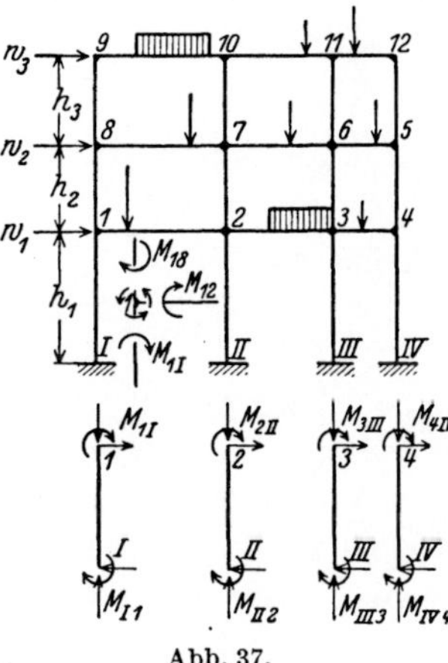
Abb. 37.

Ferner führen wir als ϱ_r die doppelte Größe der Summe aller ξ ein, die an dem Knoten r sich sammeln.

Z. B. in Abb. 38

$$\varrho_1 = 2\{\xi_1 + \xi_1' + \xi_I\},$$
$$\varrho_2 = 2\{\xi_1 + \xi_2 + \xi_2' + \xi_{II}\},$$
$$\varrho_3 = 2\{\xi_2 + \xi_3 + \xi_3' + \xi_{III}\} \quad \text{usw.,}$$

allgemeiner:

(III) $\qquad \varrho_r = 2\,\{\text{Die Summe aller } \xi, \text{ die sich am Knoten } r \text{ sammeln}\}.$

Als weitere Bezeichnung wählen wir X_r gleich zwei Drittel der Summe aller ξ und ξ' im r-ten Stockwerk:

Z. B. in Abb. 38

$$X_1 = \frac{2}{3}\{\xi_I + \xi_{II} + \xi_{III} + \xi_{IV}\},$$
$$X_2 = \frac{2}{3}\{\xi_1' + \xi_2' + \xi_3' + \xi_4\},$$
$$X_3 = \frac{2}{3}\{\xi_5' + \xi_6' + \xi_7' + \xi_8\},$$

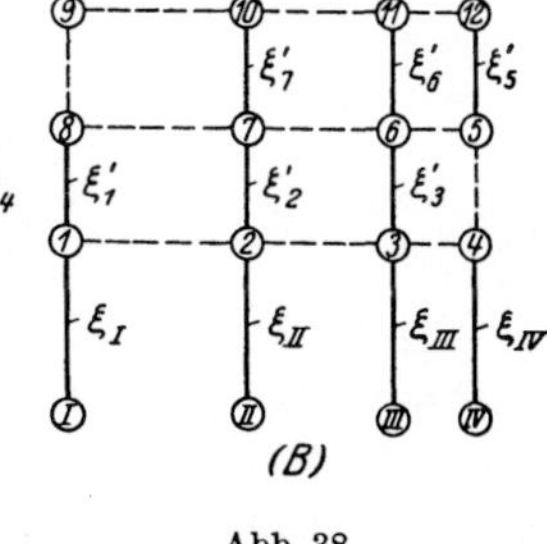

allgemein:

(IV) $\qquad X_r = \frac{2}{3}\{\text{Die Summe aller } \xi \text{ und } \xi' \text{ am } r\text{-ten Stockwerk}\}.$

Mit bezug auf Abb. 37 wird die gesamte Querkraft im ersten Stockwerk mit Q_1 bezeichnet, und zwar:

$$Q_1 = W_1 + W_2 + W_3.$$

In analoger Weise im zweiten Stockwerk:

$$Q_2 = W_2 + W_3$$

und im dritten:

$$Q_3 = W_3 .$$

Wir setzen weiter

$$S_1 = -\frac{Q_1 h_1}{3},$$

$$S_2 = -\frac{Q_2 h_2}{3},$$

$$S_3 = -\frac{Q_3 h_3}{3},$$

allgemeiner:

(V) $\left\{ \begin{array}{l} \text{worin} \end{array} \right.$
$$S_r = -\frac{Q_r h_r}{3}$$

$Q_r = $ die gesamte Querkraft im r-ten Stockwerk,

$h_r = $ die Höhe des Ständers im r-ten Stockwerk

ist.

§ 3. Knotengleichungen und Stockwerksgleichungen.

Um die Bestimmungsgleichungen der statisch unbestimmten Größen zu entwickeln, schneiden wir aus dem Rahmenwerk einen Knoten heraus.

Aus dem Gleichgewicht der Schnittmomente am herausgeschnittenen Knoten 1 (Abb. 37) ergibt sich:

$$M_{12} + M_{18} + M_{1\,\mathrm{I}} = 0$$

oder

$$\sum M_1 = 0 .$$

Am Knoten 2 (Abb. 37) ergibt sich:

$$M_{21} + M_{23} + M_{27} + M_{2\,\mathrm{II}} = 0$$

oder

$$\sum M_2 = 0 .$$

Allgemein stellt sich das Verhältnis am Knoten k wie folgt dar:

(VI) $$\sum M_k = 0 ,$$

Diese Gleichgewichtsbedingungen sind die erste Gruppe unserer Bestimmungsgleichungen, deren Anzahl ebenso groß ist wie die Anzahl der Knoten oder der zu bestimmenden Knotendrehwinkel. Wir nennen diese Gruppe der Bestimmungsgleichungen „Knotengleichungen".

Um die zweite Gruppe der Bestimmungsgleichungen zu entwickeln, führen wir zwei horizontale Schnitte, den einen sehr nahe unterhalb des Knotens 1, den anderen ebenso oberhalb der Fundamente aus (Abb. 37).

Aus dem Gleichgewicht der Schnittquerkräfte und Momente an den herausgeschnittenen Ständern des ersten Stockwerks folgt:

$$\sum_{\substack{r=1 \\ R=\mathrm{I}}}^{\substack{r=4 \\ R=\mathrm{IV}}} \{M_{rR} + M_{Rr}\} + Q_1 h_1 = 0 .$$

oder einfach

$$\sum_{\text{(erstes Stockwerk)}} \{M_{\text{oben}} + M_{\text{unten}}\} + Q_1 h_1 = 0.$$

Für das zweite Stockwerk gilt:

$$\sum_{\text{(zweites Stockwerk)}} \{M_{\text{oben}} + M_{\text{unten}}\} + Q_2 h_2 = 0.$$

Im allgemeinen ergibt sich am r-ten Stockwerk:

$$(\text{VII}) \qquad \sum_{\text{(r-tes Stockwerk)}} \{M_{\text{oben}} + M_{\text{unten}}\} + Q_r h_r = 0.$$

Die Anzahl dieser Gleichungen der zweiten Gruppe ist ebenso groß wie die Anzahl der Stockwerke oder der zu bestimmenden Stabdrehwinkel. Wir nennen diese Gruppe der Bestimmungsgleichungen „Stockwerksgleichungen".

Fällt die waagerechte Knotenbelastung weg, so lautet die Gleichung einfach:

$$(\text{VIII}) \qquad \sum \{M_{\text{oben}} + M_{\text{unten}}\} = 0.$$

Die Gl. (VI) und (VII) liefern die Bestimmungsgleichungen als Funktion der Unbekannten φ und μ laut Gl. (I).

Z. B. aus dem Gleichgewicht der Schnittmomente am herausgeschnittenen Knoten k (Abb. 39) ergibt sich:

$$\sum M_k = 0$$

oder auch

$$M_{ka} + M_{kb} + M_{kc} + M_{kd} = 0,$$

wobei

$$M_{ka} = \xi_a \{2\varphi_k + \varphi_a + \mu_a\} + \mathfrak{M}_{ka},$$

$$M_{kb} = \xi_b \{2\varphi_k + \varphi_b + \mu_b\} - \mathfrak{M}_{kb},$$

$$M_{kc} = \xi_c \{2\varphi_k + \varphi_c + \mu_c\} + \mathfrak{M}_{kc},$$

$$M_{kd} = \xi_d \{2\varphi_k + \varphi_d + \mu_d\} - \mathfrak{M}_{kd}$$

ist.

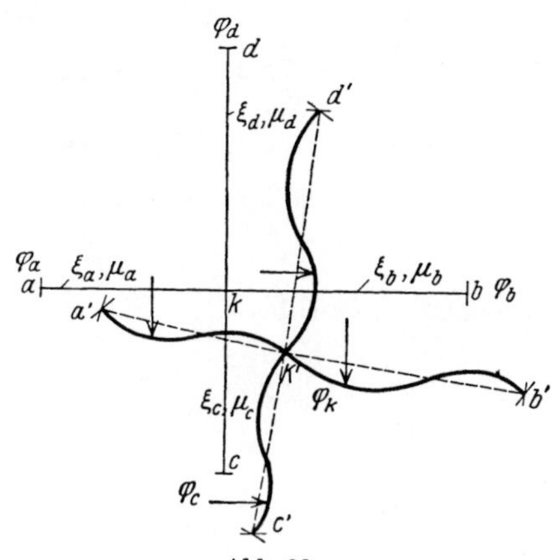

Abb. 39.

Damit wird:

$$(\text{VI a}) \quad \left\{ \begin{aligned} &2\varphi_k \{\xi_a + \xi_b + \xi_c + \xi_d\} + \varphi_a \xi_a + \varphi_b \xi_b + \varphi_c \xi_c + \varphi_d \xi_d \\ &+ \mu_a \xi_a + \mu_b \xi_b + \mu_c \xi_c + \mu_d \xi_d + (\mathfrak{M}_{ka} - \mathfrak{M}_{kb}) + (\mathfrak{M}_{kc} - \mathfrak{M}_{kd}) = 0. \end{aligned} \right.$$

Die Gl. (VIa) ist die allgemeine Knotengleichung in brauchbarer Form zur Berechnung der Unbekannten φ und μ. Diese Gleichungsform kann leicht auswendig gelernt und durch regelmäßige Anordnung der Unbekannten mit den entsprechenden Beiwerten auch leicht angegeben werden.

Fällt die waagerechte Belastung weg, so lautet die Gleichung

$$(\text{VI b}) \quad \left\{ \begin{aligned} &\varphi_k \varrho_k + \varphi_a \xi_a + \varphi_b \xi_b + \varphi_c \xi_c + \varphi_d \xi_d \\ &\quad + \mu_a \xi_a + \mu_b \xi_b + \mu_c \xi_c + \mu_d \xi_d + \mathfrak{M}_{ka} - \mathfrak{M}_{kb} = 0, \\ &\text{wobei} \\ &\varrho_k = 2\{\xi_a + \xi_b + \xi_c + \xi_d\} \\ &\quad = 2 \{\text{Die Summe aller } \xi, \text{ die sich am Knoten } k \text{ sammeln}\}. \end{aligned} \right.$$

Ist außerdem $\mu_c = \mu_d = 0$, so lautet die Gleichung

$$\text{(VIc)} \quad \begin{cases} \varphi_k \varrho_k + \varphi_a \xi_a + \varphi_b \xi_b + \varphi_c \xi_c + \varphi_d \xi_d \\ \quad + \mu_a \xi_a + \mu_b \xi_b = \mathfrak{M}_{k-\text{rechts}} - \mathfrak{M}_{k-\text{links}}\,. \end{cases}$$

Außerdem haben wir die Knotengleichungen:

in bezug auf Abb. 40:

$$\text{(VId)} \quad \varphi_k \varrho_k + \varphi_a \xi_a + \varphi_b \xi_b + \varphi_c \xi_c + \varphi_d \xi_d = \mathfrak{M}_{k-\text{rechts}} - \mathfrak{M}_{k-\text{links}}\,,$$

in bezug auf Abb. 41:

$$\text{(VIe)} \quad \begin{cases} \varphi_k \varrho_k + \varphi_b \xi_b + \varphi_c \xi_c + \varphi_d \xi_d = \mathfrak{M}_{k-\text{rechts}}\,, \\ \text{wobei} \\ \qquad \varrho_k = 2\{\xi_b + \xi_c + \xi_d\} = 2\ \{\text{Die Summe aller } \xi, \\ \qquad \quad \text{die sich am Knoten } k \text{ sammeln}\}\,, \end{cases}$$

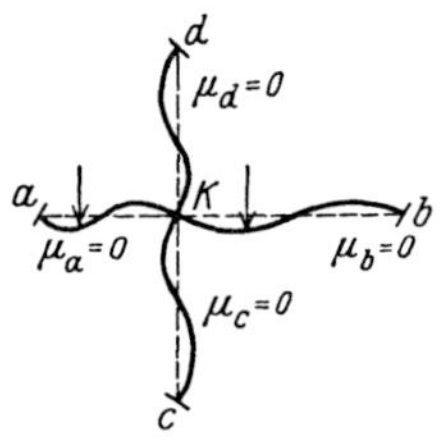

Abb. 40. 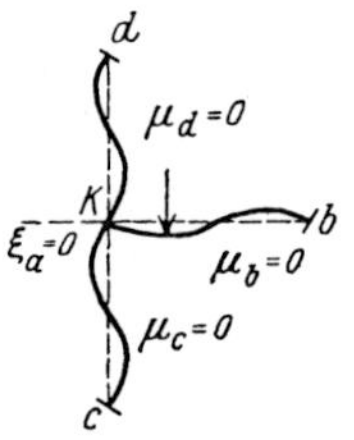   Abb. 41. 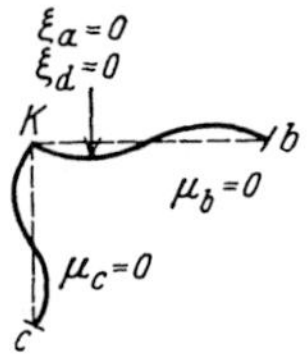   Abb. 42. 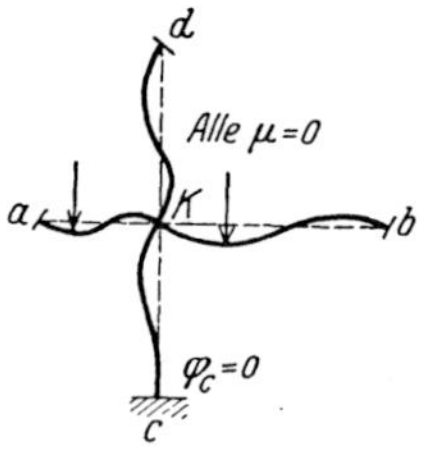   Abb. 43.

in bezug auf Abb. 42:

$$\text{(VIf)} \quad \begin{cases} \varphi_k \varrho_k + \varphi_b \xi_b + \varphi_c \xi_c = \mathfrak{M}_{k-\text{rechts}}\,, \\ \text{wobei} \\ \qquad \varrho_k = 2\{\xi_b + \xi_c\} = 2\ \{\text{Die Summe aller } \xi, \\ \qquad \quad \text{die sich am Knoten } k \text{ sammeln}\}\,, \end{cases}$$

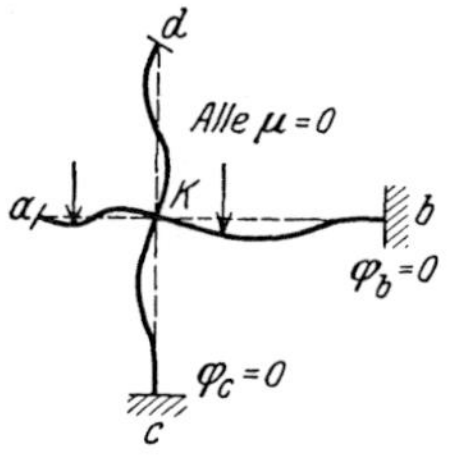

Abb. 44. 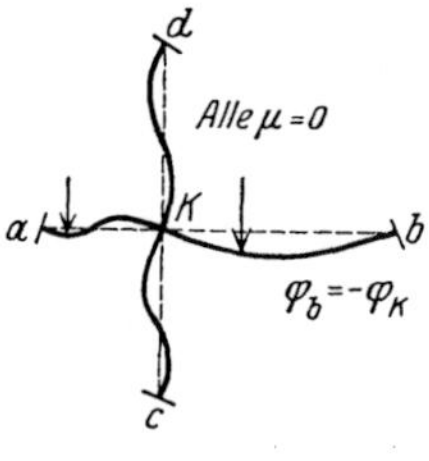   Abb. 45. 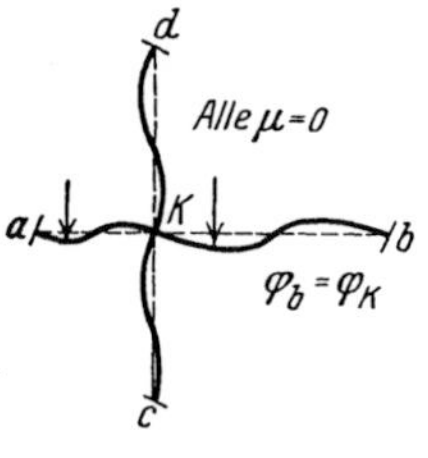   Abb. 46. 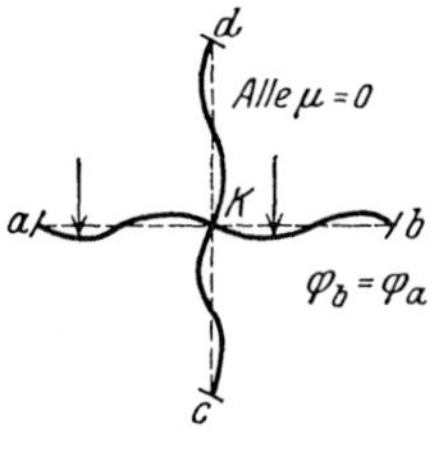   Abb. 47.

in bezug auf Abb. 43:

$$\text{(VIg)} \quad \begin{cases} \varphi_k \varrho_k + \varphi_a \xi_a + \varphi_b \xi_b + \varphi_d \xi_d = \mathfrak{M}_{k-\text{rechts}} - \mathfrak{M}_{k-\text{links}}\,, \\ \text{wobei} \\ \qquad \varrho_k = 2\{\xi_a + \xi_b + \xi_c + \xi_d\}\,, \end{cases}$$

in bezug auf Abb. 44:

(VIh)
$$\begin{cases} \varphi_k \varrho_k + \varphi_a \xi_a + \varphi_d \xi_d = \mathfrak{M}_{k-\text{rechts}} - \mathfrak{M}_{k-\text{links}}\,, \\ \text{wobei} \\ \varrho_k = 2\{\xi_a + \xi_b + \xi_c + \xi_d\}\,, \end{cases}$$

in bezug auf Abb. 45:

(VIi)
$$\begin{cases} \varphi_k (\varrho_k) + \varphi_a \xi_a + \varphi_c \xi_c + \varphi_d \xi_d = \mathfrak{M}_{k-\text{rechts}} - \mathfrak{M}_{k-\text{links}}\,, \\ \text{wobei} \\ (\varrho_k) = 2\{\xi_a + \xi_b + \xi_c + \xi_d\} - \xi_b = \varrho_k - \xi_b\,, \end{cases}$$

in bezug auf Abb. 46:

(VIj)
$$\begin{cases} \varphi_k [\varrho_k] + \varphi_a \xi_a + \varphi_c \xi_c + \varphi_d \xi_d = \mathfrak{M}_{k-\text{rechts}} - \mathfrak{M}_{k-\text{links}}\,, \\ \text{wobei} \\ [\varrho_k] = 2\{\xi_a + \xi_b + \xi_c + \xi_d\} + \xi_b = \varrho_k + \xi_b\,, \end{cases}$$

in bezug auf Abb. 47:

(VIk)
$$\begin{cases} \varphi_k \varrho_k + \varphi_a (\xi_a + \xi_b) + \varphi_c \xi_c + \varphi_d \xi_d = \mathfrak{M}_{k-\text{rechts}} - \mathfrak{M}_{k-\text{links}}\,, \\ \text{wobei} \\ \varrho_k = 2\{\xi_a + \xi_b + \xi_c + \xi_d\}\,. \end{cases}$$

Wenn in der Gl. (VIk) $\xi_a = \xi_b$ ist, so lautet die Gleichung:

(VIl)
$$\begin{cases} \varphi_k \varrho_k + \varphi_a (2\,\xi_a) + \varphi_c \xi_c + \varphi_d \xi_d = \mathfrak{M}_{k-\text{rechts}} - \mathfrak{M}_{k-\text{links}}\,, \\ \text{wobei} \\ \varrho_k = 2\{2\,\xi_a + \xi_c + \xi_d\} = 2\,\{\text{Die Summe aller } \xi, \\ \text{die sich am Knoten } k \text{ sammeln}\}. \end{cases}$$

Die Gl. (VIc) ist die allgemeine Knotengleichung in brauchbarer Form in diesem Abschnitt, weil wir dabei nur die Rahmen mit beliebiger vertikaler Belastung und mit waagerechter Einzellast in jedem Knotenpunkt auf einer vertikalen Seite des Rahmengebildes behandeln. Die Gln. (VId) bis (VIl) können aus Gl. (VIc) leicht abgeleitet werden.

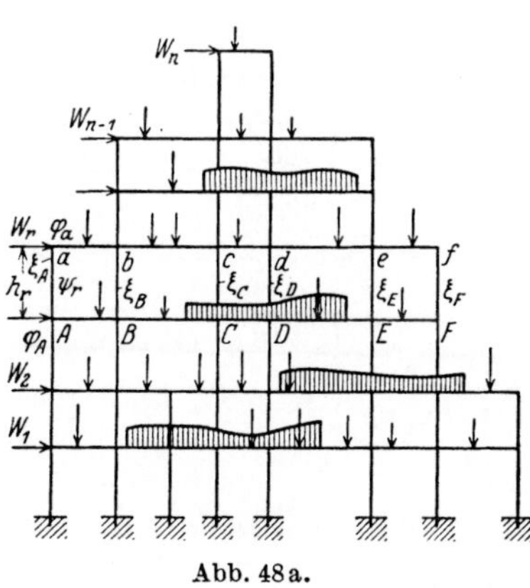

Abb. 48a.

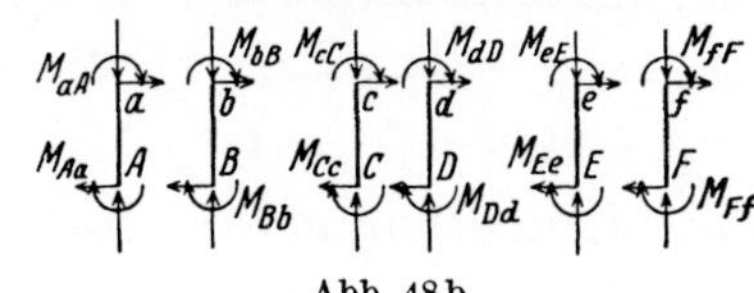

Abb. 48b.

Um die zweite Gruppe der Bestimmungsgleichungen in brauchbarer Form zu entwickeln, führen wir zwei horizontale Schnitte sehr nahe unten am Knoten a und ebenso oberhalb des Knoten A in Abb. 48a aus.

Aus dem Gleichgewicht der Schnittquerkräfte und Momente an den herausgeschnittenen Ständern des r-ten Stockwerks ergibt sich (Abb. 48a, b):

$$\sum_{\substack{r=a \\ R=A}}^{\substack{r=f \\ R=F}} \{M_{rR} + M_{Rr}\} + Q_r h_r = 0,$$

wobei

$$M_{aA} + M_{Aa} = \xi_A \{3\varphi_a + 3\varphi_A + 2\mu_r\},$$
$$M_{bB} + M_{Bb} = \xi_B \{3\varphi_b + 3\varphi_B + 2\mu_r\},$$
$$M_{cC} + M_{Cc} = \xi_C \{3\varphi_c + 3\varphi_C + 2\mu_r\},$$
$$M_{dD} + M_{Dd} = \xi_D \{3\varphi_d + 3\varphi_D + 2\mu_r\},$$
$$M_{eE} + M_{Ee} = \xi_E \{3\varphi_e + 3\varphi_E + 2\mu_r\},$$
$$M_{fF} + M_{Ff} = \xi_F \{3\varphi_f + 3\varphi_F + 2\mu_r\}.$$

Damit folgt:

$$\textbf{(VIIa)} \quad \begin{cases} \xi_A(\varphi_a + \varphi_A) + \xi_B(\varphi_b + \varphi_B) + \xi_C(\varphi_c + \varphi_C) + \xi_D(\varphi_d + \varphi_D) \\ \qquad + \xi_E(\varphi_e + \varphi_E) + \xi_F(\varphi_f + \varphi_F) + \mu_r X_r = S_r, \\ \text{wobei} \\ X_r = \dfrac{2}{3}\{\xi_A + \xi_B + \xi_C + \xi_D + \xi_E + \xi_F\}, \\ S_r = -\dfrac{Q_r h_r}{3} = -\dfrac{h_r}{3}\{W_r + W_{r+1} + \cdots + W_n\}. \end{cases}$$

Die Gln. (VIc) und (VIIa) sind die **Grundgleichungen zur Aufstellung der Gleichungstabellen**.

Der Übersichtlichkeit halber mögen die Koeffizienten der Unbekannten der Gln. (VIc) und (VIIa) folgendermaßen tabellarisch angegeben werden (Tabelle IIa und Tabelle IIb).

Tabelle IIa.

Unbekannte	Linke Seite der Gleichung (VIc)							Rechte Seite der Gleichung
	φ_k	φ_a	φ_b	φ_c	φ_d	μ_a	μ_b	
Koeffizient	ϱ_k	ξ_a	ξ_b	ξ_c	ξ_d	ξ_a	ξ_b	$\mathfrak{M}_{k\text{—rechts}} - \mathfrak{M}_{k\text{—links}}$

Tabelle IIb.

Unbekannte	Linke Seite der Gleichung (VIIa)													Rechte Seite der Gleichung
	φ_a	φ_b	φ_c	φ_d	φ_e	φ_f	φ_F	φ_E	φ_D	φ_C	φ_B	φ_A	μ_r	
Koeffizient	ξ_A	ξ_B	ξ_C	ξ_D	ξ_E	ξ_F	ξ_F	ξ_E	ξ_D	ξ_C	ξ_B	ξ_A	X_r	S_r

§ 4. Grundtabellen der Bestimmungsgleichungen.

a) Allgemeine Grundtabellen.

Grundtabelle I. Der in Abb. 37 bzw. in Abb. 49 dargestellte Rahmen ist fünfzehnfach statisch unbestimmt. Wegen vollkommener Einspannung in die Fundamente sind als Unbestimmte die zwölf Drehwinkel der Knoten *1* bis *12* und die drei Stabdrehwinkel der Stockwerke anzusehen; also hat der Rahmen im ganzen fünfzehn Unbekannte.

Die zwölf Knotengleichungen lauten:

Für den Knoten *1*:

$$M_{12} + M_{18} + M_{1\mathrm{I}} = 0$$

oder mit der Formel (I):

$$\varphi_1 (2\xi_1 + 2\xi_1' + 2\xi_\mathrm{I}) + \varphi_2\xi_1 + \varphi_8\xi_1' + \mu_1\xi_\mathrm{I} + \mu_2\xi_1' = \mathfrak{M}_{12}$$

oder auch laut Gl. (III):

$$\varphi_1\varrho_1 + \varphi_2\xi_1 + \varphi_8\xi_1' + \mu_1\xi_\mathrm{I} + \mu_2\xi_1' = \mathfrak{M}_{12}.$$

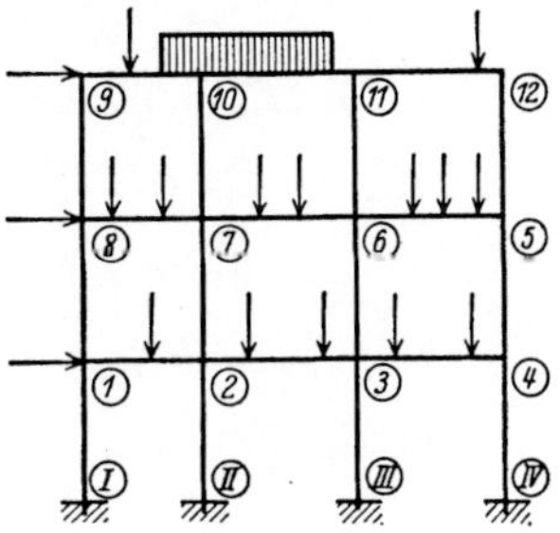

Für den Knoten *2*:

$$M_{21} + M_{23} + M_{27} + M_{2\mathrm{II}} = 0$$

oder mit den Gln. (I) und (III):

$$\varphi_1\xi_1 + \varphi_2\varrho_2 + \varphi_3\xi_2 + \varphi_7\xi_2' + \mu_1\xi_\mathrm{II} + \mu_2\xi_2' = \mathfrak{M}_{23} - \mathfrak{M}_{21}.$$

Abb. 49.

Für den Knoten *3*:

$$\varphi_2\xi_2 + \varphi_3\varrho_3 + \varphi_4\xi_3 + \varphi_6\xi_3' + \mu_1\xi_\mathrm{III} + \mu_2\xi_3' = \mathfrak{M}_{34} - \mathfrak{M}_{32}.$$

Für den Knoten *4*:

$$\varphi_3\xi_3 + \varphi_4\varrho_4 + \varphi_5\xi_4 + \mu_1\xi_\mathrm{IV} + \mu_2\xi_4 = -\mathfrak{M}_{43}.$$

Für den Knoten *5*:

$$\varphi_4\xi_4 + \varphi_5\varrho_5 + \varphi_6\xi_5 + \varphi_{12}\xi_5' + \mu_2\xi_4 + \mu_3\xi_5' = -\mathfrak{M}_{56}.$$

Für den Knoten *6*:

$$\varphi_3\xi_3' + \varphi_5\xi_5 + \varphi_6\varrho_6 + \varphi_7\xi_6 + \varphi_{11}\xi_6' + \mu_2\xi_3' + \mu_3\xi_6' = \mathfrak{M}_{65} - \mathfrak{M}_{67}.$$

Für den Knoten *7*:

$$\varphi_2\xi_2' + \varphi_6\xi_6 + \varphi_7\varrho_7 + \varphi_8\xi_7 + \varphi_{10}\xi_7' + \mu_2\xi_2' + \mu_3\xi_7' = \mathfrak{M}_{76} - \mathfrak{M}_{78}.$$

Für den Knoten *8*:

$$\varphi_1\xi_1' + \varphi_7\xi_7 + \varphi_8\varrho_8 + \varphi_9\xi_8 + \mu_2\xi_1' + \mu_3\xi_8 = \mathfrak{M}_{87}.$$

Für den Knoten *9*:

$$\varphi_8\xi_8 + \varphi_9\varrho_9 + \varphi_{10}\xi_9 + \mu_3\xi_8 = \mathfrak{M}_{9.10}.$$

Für den Knoten *10*:

$$\varphi_7\xi_7' + \varphi_9\xi_9 + \varphi_{10}\varrho_{10} + \varphi_{11}\xi_{10} + \mu_3\xi_7' = \mathfrak{M}_{10.11} - \mathfrak{M}_{10.9}.$$

Für den Knoten *11*:

$$\varphi_6\xi_6' + \varphi_{10}\xi_{10} + \varphi_{11}\varrho_{11} + \varphi_{12}\xi_{11} + \mu_3\xi_6' = \mathfrak{M}_{11.12} - \mathfrak{M}_{11.10}.$$

Für den Knoten *12*:

$$\varphi_5\xi_5' + \varphi_{11}\xi_{11} + \varphi_{12}\varrho_{12} + \mu_3\xi_5' = -\mathfrak{M}_{12.11}.$$

Allgemeiner für den Knotenpunkt *r*:

(IX)   Rechte Seite der Gleichung $= \mathfrak{M}_{r.\mathrm{rechts}} - \mathfrak{M}_{r.\mathrm{links}}.$

Die drei Stockwerksgleichungen lauten:

Für das erste Stockwerk:

$$\sum_{\substack{r=1\\R=\mathrm{I}}}^{\substack{r=4\\R=\mathrm{IV}}} \{M_{rR} + M_{Rr}\} + Q_1 h_1 = 0$$

oder mit der Gl. (I):

$$\varphi_1 \xi_{\mathrm{I}} + \varphi_2 \xi_{\mathrm{II}} + \varphi_3 \xi_{\mathrm{III}} + \varphi_4 \xi_{\mathrm{IV}} + \mu_1 \frac{2}{3}\{\xi_{\mathrm{I}} + \xi_{\mathrm{II}} + \xi_{\mathrm{III}} + \xi_{\mathrm{IV}}\} = -\frac{Q_1 h_1}{3}$$

oder auch mit den Gln. (IV) und (V):

$$\varphi_1 \xi_{\mathrm{I}} + \varphi_2 \xi_{\mathrm{II}} + \varphi_3 \xi_{\mathrm{III}} + \varphi_4 \xi_{\mathrm{IV}} + \mu_1 X_1 = S_1.$$

Für das zweite Stockwerk:

$$\varphi_1 \xi'_1 + \varphi_2 \xi'_2 + \varphi_3 \xi'_3 + \varphi_4 \xi_4 + \varphi_5 \xi_4 + \varphi_6 \xi'_3 + \varphi_7 \xi'_2 + \varphi_8 \xi'_1 + \mu_2 X_2 = S_2.$$

Für das dritte Stockwerk:

$$\varphi_5 \xi'_5 + \varphi_6 \xi'_6 + \varphi_7 \xi'_7 + \varphi_8 \xi_8 + \varphi_9 \xi_8 + \varphi_{10} \xi'_7 + \varphi_{11} \xi'_6 + \varphi_{12} \xi'_5 + \mu_3 X_3 = S_3.$$

Der Übersichtlichkeit halber mögen die Koeffizienten der Unbekannten der gewonnenen Bestimmungsgleichungen folgendermaßen tabellenförmig angegeben werden (Tabelle IIIa):

Tabelle IIIa.

Gleichung	Linke Seite der Gleichung (Koeffizienten der Unbekannten)															Rechte Seite der Gleichung	
	φ_1	φ_2	φ_3	φ_4	φ_5	φ_6	φ_7	φ_8	φ_9	φ_{10}	φ_{11}	φ_{12}	μ_1	μ_2	μ_3	Vertikale Belastung	Wagerechte Belastung
(1)	ϱ_1	ξ_1						ξ'_1					ξ_{I}	ξ'_1		$\mathfrak{M}_{12}$	
(2)	ξ_1	ϱ_2	ξ_2				ξ'_2						ξ_{II}	ξ'_2		$\mathfrak{M}_{23}-\mathfrak{M}_{21}$	
(3)		ξ_2	ϱ_3	ξ_3		ξ'_3							ξ_{III}	ξ'_3		$\mathfrak{M}_{34}-\mathfrak{M}_{32}$	
(4)			ξ_3	ϱ_4	ξ_4								ξ_{IV}	ξ_4		$-\mathfrak{M}_{43}$	
(5)				ξ_4	ϱ_5	ξ_5						ξ'_5		ξ_4	ξ'_5	$-\mathfrak{M}_{56}$	
(6)			ξ'_3		ξ_5	ϱ_6	ξ_6				ξ'_6			ξ'_3	ξ'_6	$\mathfrak{M}_{65}-\mathfrak{M}_{67}$	
(7)		ξ'_2				ξ_6	ϱ_7	ξ_7		ξ'_7				ξ'_2	ξ'_7	$\mathfrak{M}_{76}-\mathfrak{M}_{78}$	
(8)	ξ'_1						ξ_7	ϱ_8	ξ_8					ξ'_1	ξ_8	$\mathfrak{M}_{87}$	
(9)								ξ_8	ϱ_9	ξ_9					ξ_8	$\mathfrak{M}_{9.10}$	
(10)							ξ'_7		ξ_9	ϱ_{10}	ξ_{10}				ξ'_7	$\mathfrak{M}_{10.11}-\mathfrak{M}_{10.9}$	
(11)						ξ'_6				ξ_{10}	ϱ_{11}	ξ_{11}			ξ'_6	$\mathfrak{M}_{11.12}-\mathfrak{M}_{11.10}$	
(12)					ξ'_5						ξ_{11}	ϱ_{12}			ξ'_5	$-\mathfrak{M}_{12.11}$	
(13)	ξ_{I}	ξ_{II}	ξ_{III}	ξ_{IV}									X_1				S_1
(14)	ξ'_1	ξ'_2	ξ'_3	ξ_4	ξ_4	ξ'_3	ξ'_2	ξ'_1						X_2			S_2
(15)					ξ'_5	ξ'_6	ξ'_7	ξ'_8	ξ_8	ξ'_7	ξ'_6	ξ'_5			X_3		S_3

Die Tabelle IIIa wird mit Vorteil ohne Zwischenrechnungen nach den Tabellen IIa und IIb direkt angegeben.

Sie zeigt vollkommene Spiegelsymmetrie in bezug auf die diagonale ϱ-, X-Linie; ober- und unterhalb dieser Diagonalen findet man die mit derselben rechtwinklig verlaufende ξ'-Linie.

Grundtabelle II. Der in Abb. 50 dargestellte Rechteckrahmen ist vierzehnfach statisch unbestimmt. Infolge vollkommener Einspannung in die Fundamente sind als Unbestimmte die elf Drehwinkel der Knoten *1* bis *11* und die drei Stabdrehwinkel der Stockwerke anzusehen; der Rahmen hat demzufolge im ganzen vierzehn Unbekannte.

Die zwölf Knotengleichungen lauten:

Für den Knoten *1* laut Tabelle II a:

$$\varphi_1\,\varrho_1 + \varphi_2\,\xi_1 + \mu_1\,\xi_\mathrm{I} = \mathfrak{M}_{12}\,.$$

Für den Knoten *2* laut Tabelle II a:

$$\varphi_1\,\xi_1 + \varphi_2\,\varrho_2 + \varphi_3\,\xi_2 + \varphi_9\,\xi_2' + \mu_1\,\xi_\mathrm{II} + \mu_2\,\xi_2'$$
$$= \mathfrak{M}_{23} - \mathfrak{M}_{21} \quad \text{usw.}$$

Die drei Stockwerksgleichungen lauten:

Für das erste Stockwerk laut Tabelle II b:

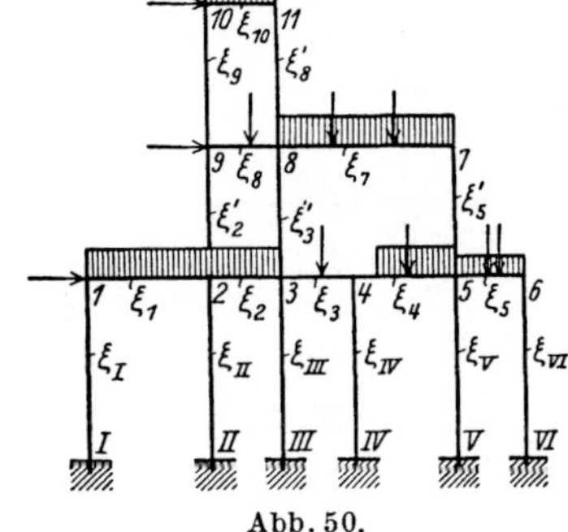

Abb. 50.

$$\varphi_1\,\xi_\mathrm{I} + \varphi_2\,\xi_\mathrm{II} + \varphi_3\,\xi_\mathrm{III} + \varphi_4\,\xi_\mathrm{IV} + \varphi_5\,\xi_\mathrm{V} + \varphi_6\,\xi_\mathrm{VI} + \mu_1\,X_1 = S_1\,.$$

Für das zweite Stockwerk laut Tabelle II b:

$$\varphi_2\,\xi_2' + \varphi_3\,\xi_3' + \varphi_5\,\xi_5' + \varphi_7\,\xi_5' + \varphi_8\,\xi_3' + \varphi_9\,\xi_2' + \mu_2\,X_2 = S_2 \quad \text{usw.}$$

Der Übersichtlichkeit halber mögen die Koeffizienten der Unbekannten der gewonnenen Bestimmungsgleichungen folgendermaßen tabellenförmig angegeben werden (Tabelle III b):

Tabelle III b.

Gleichung	Linke Seite der Gleichung														Rechte Seite der Gleichung
	φ_1	φ_2	φ_3	φ_4	φ_5	φ_6	φ_7	φ_8	φ_9	φ_{10}	φ_{11}	μ_1	μ_2	μ_3	
(1)	ϱ_1	ξ_1										ξ_I			$\mathfrak{M}_{12}$
(2)	ξ_1	ϱ_2	ξ_2						ξ_2'			ξ_II	ξ_2'		$\mathfrak{M}_{23} - \mathfrak{M}_{21}$
(3)		ξ_2	ϱ_3	ξ_3				ξ_3'				ξ_III	ξ_3'		$\mathfrak{M}_{34} - \mathfrak{M}_{32}$
(4)			ξ_3	ϱ_4	ξ_4							ξ_IV			$\mathfrak{M}_{45} - \mathfrak{M}_{43}$
(5)				ξ_4	ϱ_5	ξ_5	ξ_5'					ξ_V	ξ_5'		$\mathfrak{M}_{56} - \mathfrak{M}_{54}$
(6)					ξ_5	ϱ_6						ξ_VI			$- \mathfrak{M}_{65}$
(7)					ξ_5'		ϱ_7	ξ_7					ξ_5'		$- \mathfrak{M}_{78}$
(8)			ξ_3'				ξ_7	ϱ_8	ξ_8		ξ_8'		ξ_3'	ξ_8'	$\mathfrak{M}_{87} - \mathfrak{M}_{89}$
(9)		ξ_2'						ξ_8	ϱ_9	ξ_9			ξ_2'	ξ_9	$\mathfrak{M}_{98}$
(10)									ξ_9	ϱ_{10}	ξ_{10}			ξ_9	$\mathfrak{M}_{10.11}$
(11)								ξ_8'		ξ_{10}	ϱ_{11}			ξ_8'	$- \mathfrak{M}_{11.10}$
(12)	ξ_I	ξ_II	ξ_III	ξ_IV	ξ_V	ξ_VI						X_1			S_1
(13)		ξ_2'	ξ_3'		ξ_5'		ξ_5'	ξ_3'	ξ_2'				X_2		S_2
(14)							ξ_8'	ξ_9'	ξ_9	ξ_8'				X_3	S_3

Die Tabelle III b zeigt wiederum vollkommene Spiegelsymmetrie in bezug auf die diagonale ϱ- und X-Linie; rechtwinklig dazu verläuft die ξ'-Linie.

b) Symmetrische Ausbildung und Belastung.

Ein symmetrisch gebautes Rahmentragwerk mit einer symmetrischen Belastung bedingt für sämtliche Stäbe $\psi = 0$ oder auch $\mu = 0$.

Sich entsprechende, symmetrisch gelegene Knotenpunkte weisen dabei gleich große, entgegengesetzte Knotendrehwinkel auf, wodurch der Grad der statischen

Unbestimmtheit des zu behandelnden Rahmentragwerkes um ein beträchtliches sinkt. Um die statisch unbestimmten Größen zu bestimmen, brauchen wir nur die erste Gruppe der Bestimmungsgleichungen. Für die auf einer symmetrischen Bauachse liegenden Knotenpunkte beträgt wegen der Symmetrie der Anordnung und Belastung der Rahmen mit $2\,n$ Öffnungen $\varphi_m = 0$ (Abb. 51a u. 51b).

Bezeichnet man mit k die Anzahl sämtlicher und mit m die Anzahl der auf der symmetrischen Bauachse liegenden Knotenpunkte, so ist ein symmetrisch gebautes Rahmentragwerk, bei symmetrischer Belastung, mit geradzahligen Öffnungen $\frac{1}{2}(k - m)$-fach statisch unbestimmt, also können $\frac{1}{2}(k - m)$ Bestimmungsgleichungen aus den Knotengleichungen hergeleitet werden.

Abb. 51a.

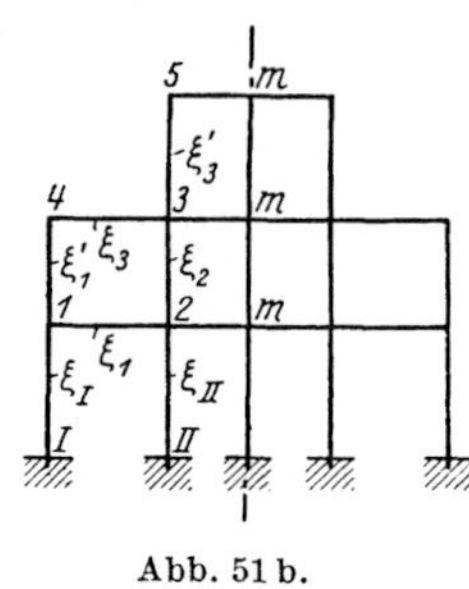

Abb. 51b.

Bei symmetrischer Ausbildung und Belastung ist auch ein Rahmentragwerk mit ungeradzahligen Öffnungen und k Knotenpunkten $\frac{1}{2}k$-fach statisch unbestimmt. Diese zwei symmetrischen Fälle sind in Abb. 51 und 52 beispielsweise dargestellt.

Der in Abb. 51a dargestellte mehrstielige Stockwerksrahmen mit vier Öffnungen und drei Stockwerken ist sechsfach statisch unbestimmt, also sind nur sechs Bestimmungsgleichungen erforderlich, welche aus Knotengleichungen folgendermaßen leicht erhalten werden (Tabelle IVa).

Tabelle IVa.

Gleichung	Linke Seite der Gleichung						Rechte Seite der Gleichung
	φ_1	φ_2	φ_3	φ_4	φ_5	φ_6	
(1)	ϱ_1	ξ_1		ξ_1'			$\mathfrak{M}_{12}$
(2)	ξ_1	ϱ_2	ξ_2				$\mathfrak{M}_{2\,m}-\mathfrak{M}_{21}$
(3)		ξ_2	ϱ_3	ξ_3		ξ_3'	$\mathfrak{M}_{3\,m}-\mathfrak{M}_{34}$
(4)	ξ_1'		ξ_3	ϱ_4	ξ_4		$\mathfrak{M}_{43}$
(5)				ξ_4	ϱ_5	ξ_5	$\mathfrak{M}_{56}$
(6)			ξ_3'		ξ_5	ϱ_6	$\mathfrak{M}_{6\,m}-\mathfrak{M}_{65}$

Tabelle IVb.

Gleichung	Linke Seite der Gleichung					Rechte Seite der Gleichung
	φ_1	φ_2	φ_3	φ_4	φ_5	
(1)	ϱ_1	ξ_1		ξ_1'		$\mathfrak{M}_{12}$
(2)	ξ_1	ϱ_2	ξ_2			$\mathfrak{M}_{2\,m}-\mathfrak{M}_{21}$
(3)		ξ_2	ϱ_3	ξ_3	ξ_3'	$\mathfrak{M}_{3\,m}-\mathfrak{M}_{34}$
(4)	ξ_1'		ξ_3	ϱ_4		$\mathfrak{M}_{43}$
(5)			ξ_3'		ϱ_5	$\mathfrak{M}_{5\,m}$

Der in Abb. 51b dargestellte mehrstielige Stockwerksrahmen mit vier Öffnungen und drei Stockwerken ist fünffach statisch unbestimmt, also sind nur fünf Bestimmungsgleichungen erforderlich, welche aus Knotengleichungen folgendermaßen leicht erhalten werden (Tabelle IVb).

In Abb. 52a haben wir ebenfalls einen sechsfach statisch unbestimmten, mehrstieligen Stockwerksrahmen. Nach unserem Verfahren erhalten wir ähnlich wie zuvor folgende Tabelle Va.

In bezug auf Abb. 52b erhält man Tabelle Vb.

Tabelle Va.

Gleichung	Linke Seite der Gleichung						Rechte Seite der Gleichung
	φ_1	φ_2	φ_3	φ_4	φ_5	φ_6	
(1)	ϱ_1	ξ_1		ξ_1'			$\mathfrak{M}_{12}$
(2)	ξ_1	(ϱ_2)	ξ_2				$\mathfrak{M}_{22'}-\mathfrak{M}_{21}$
(3)		ξ_2	(ϱ_3)	ξ_3		ξ_3'	$\mathfrak{M}_{33'}-\mathfrak{M}_{34}$
(4)	ξ_1'		ξ_3	ϱ_4	ξ_4		$\mathfrak{M}_{43}$
(5)				ξ_4	ϱ_5	ξ_5	$\mathfrak{M}_{56}$
(6)			ξ_3'		ξ_5	(ϱ_6)	$\mathfrak{M}_{66'}-\mathfrak{M}_{65}$

Tabelle Vb.

Gleichung	Linke Seite der Gleichung					Rechte Seite der Gleichung
	φ_1	φ_2	φ_3	φ_4	φ_5	
(1)	ϱ_1	ξ_1		ξ_1		$\mathfrak{M}_{12}$
(2)	ξ_1	(ϱ_2)	ξ_2			$\mathfrak{M}_{22'}-\mathfrak{M}_{21}$
(3)		ξ_2	(ϱ_3)	ξ_3	ξ_3'	$\mathfrak{M}_{33'}-\mathfrak{M}_{34}$
(4)	ξ_1		ξ_3	ϱ_4		$\mathfrak{M}_{43}$
(5)			ξ_3'		(ϱ_5)	$\mathfrak{M}_{55'}$

In Tabelle Va und Vb ist:

$$(\varrho_2) = 2\{\xi_1 + \xi_2 + \xi_{II}\} + \xi_{2-2'} = \varrho_2 - \xi_{2-2'},$$

$$(\varrho_3) = \varrho_3 - \xi_{3-3'} \quad \text{usw.}$$

Allgemeiner gilt bei symmetrischer Belastung und Rahmenausbildung mit ungeradzahligen Öffnungen:

$$(X) \qquad (\varrho_k) = \varrho_k - \xi_{k-k'}.$$

Diese Ausdrücke sind aus der Knotengleichung (VI i) erhalten.

c) Gelenkrahmen.

Für Gelenkrahmen ist im allgemeinen die Unbekannte μ_1 in μ_1' zu verändern, indem man $\mu_1' = \dfrac{\mu_1}{2}$ setzt. Die Größe ϱ, die sich an den Knotenpunkten der untersten Querriegel befindet, ändert sich nach den Knoten-

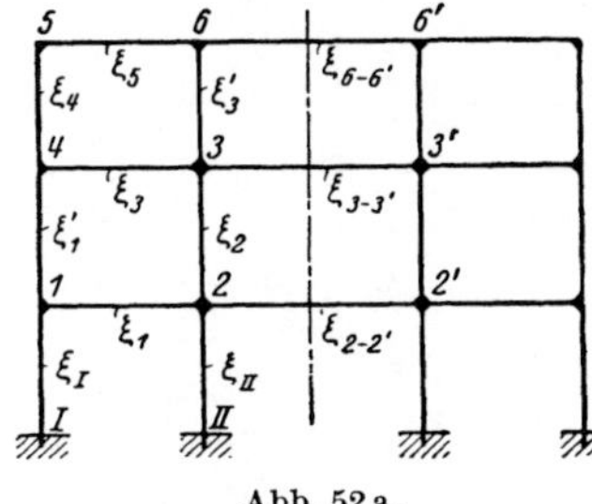

Abb. 52a.

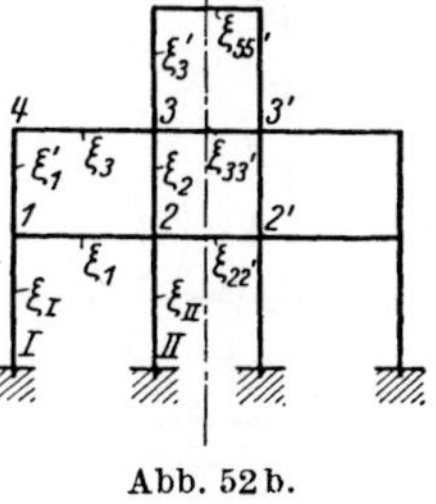

Abb. 52b.

Tabelle VIa.

Gleichung	Linke Seite der Gleichung (Koeffizienten der Gleichung)															Rechte Seite der Gleichung	
	φ_1	φ_2	φ_3	φ_4	φ_5	φ_6	φ_7	φ_8	φ_9	φ_{10}	φ_{11}	φ_{12}	μ_1'	μ_2	μ_3	Vertikale Belastung	Wagerechte Belastung
(1)	ϱ_1'	ξ_1						ξ_1'					ξ_I	ξ_1'		$\mathfrak{M}_{12}$	
(2)	ξ_1	ϱ_2'	ξ_2				ξ_2'						ξ_{II}	ξ_2'		$\mathfrak{M}_{23}-\mathfrak{M}_{21}$	
(3)		ξ_2	ϱ_3'	ξ_3		ξ_3'							ξ_{III}	ξ_3'		$\mathfrak{M}_{34}-\mathfrak{M}_{32}$	
(4)			ξ_3	ϱ_4'	ξ_4								ξ_{IV}	ξ_4		$-\mathfrak{M}_{43}$	
(5)				ξ_4	ϱ_5	ξ_5						ξ_5'		ξ_4	ξ_5'	$-\mathfrak{M}_{56}$	
(6)			ξ_3'		ξ_5	ϱ_6	ξ_6				ξ_6'			ξ_3'	ξ_6'	$\mathfrak{M}_{65}-\mathfrak{M}_{67}$	
(7)		ξ_2'				ξ_6	ϱ_7	ξ_7		ξ_7'				ξ_2'	ξ_7'	$\mathfrak{M}_{76}-\mathfrak{M}_{78}$	
(8)	ξ_1'						ξ_7	ϱ_8	ξ_8					ξ_1'	ξ_8	$\mathfrak{M}_{87}$	
(9)								ξ_8	ϱ_9	ξ_9					ξ_8	$\mathfrak{M}_{9.10}$	
(10)							ξ_7'		ξ_9	ϱ_{10}	ξ_{10}				ξ_7'	$\mathfrak{M}_{10.11}-\mathfrak{M}_{10.9}$	
(11)						ξ_6'				ξ_{10}	ϱ_{11}	ξ_{11}			ξ_6'	$\mathfrak{M}_{11.12}-\mathfrak{M}_{11.10}$	
(12)					ξ_5'						ξ_{11}	ϱ_{12}			ξ_5'	$-\mathfrak{M}_{12.11}$	
(13)	ξ_I	ξ_{II}	ξ_{III}	ξ_{IV}									X_1				$2S_1$
(14)	ξ_1'	ξ_2'	ξ_3'	ξ_4	ξ_4	ξ_3'	ξ_2'	ξ_1'						X_2			S_2
(15)					ξ_5'	ξ_6'	ξ_7'	ξ_8	ξ_8	ξ_7'	ξ_6'	ξ_5'			X_3		S_3

gleichungen in ϱ', wenn man hierbei

$$\varrho'_1 = \varrho_1 - 0{,}5\,\xi_{\mathrm{I}},$$

$$\varrho'_2 = \varrho_2 - 0{,}5\,\xi_{\mathrm{II}},$$

$$\varrho'_3 = \varrho_3 - 0{,}5\,\xi_{\mathrm{III}} \quad \text{usw.},$$

allgemeiner:

(XI) $$\varrho'_r = \varrho_r - 0{,}5\,\xi_R$$

setzt (Abb. 53a und 53b).

Tabelle VIb.

Gleichung	φ_1	φ_2	φ_3	φ_4	φ_5	φ_6	φ_7	φ_8	φ_9	φ_{10}	φ_{11}	μ'_1	μ_2	μ_3	Rechte Seite der Gleichung
(1)	ϱ'_1	ξ_1										ξ_{I}			$\mathfrak{M}_{12}$
(2)	ξ_1	ϱ'_2	ξ_2						ξ'_2			ξ_{II}	ξ'_2		$\mathfrak{M}_{23}-\mathfrak{M}_{21}$
(3)		ξ_2	ϱ'_3	ξ_3				ξ'_3				ξ_{III}	ξ'_3		$\mathfrak{M}_{34}-\mathfrak{M}_{32}$
(4)			ξ_3	ϱ'_4	ξ_4							ξ_{IV}			$\mathfrak{M}_{45}-\mathfrak{M}_{43}$
(5)				ξ_4	ϱ'_5	ξ_5	ξ'_5					ξ_{V}	ξ'_5		$\mathfrak{M}_{56}-\mathfrak{M}_{54}$
(6)					ξ_5	ϱ'_6						ξ_{VI}			$-\mathfrak{M}_{65}$
(7)					ξ'_5		ϱ_7	ξ_7					ξ'_5		$-\mathfrak{M}_{78}$
(8)			ξ'_3				ξ_7	ϱ_8	ξ_8		ξ'_8		ξ'_3	ξ'_8	$\mathfrak{M}_{87}-\mathfrak{M}_{89}$
(9)		ξ'_2						ξ_8	ϱ_9	ξ_9			ξ'_2	ξ_9	$\mathfrak{M}_{98}$
(10)									ξ_9	ϱ_{10}	ξ_{10}			ξ_9	$\mathfrak{M}_{10\cdot11}$
(11)								ξ'_8		ξ_{10}	ϱ_{11}			ξ'_8	$-\mathfrak{M}_{11\cdot10}$
(12)	ξ_{I}	ξ_{II}	ξ_{III}	ξ_{IV}	ξ_{V}	ξ_{VI}						X_1			$2\,S_1$
(13)		ξ'_2	ξ'_3		ξ'_5		ξ'_5	ξ'_3	ξ'_2				X_2		S_2
(14)								ξ'_8	ξ_9	ξ_9	ξ'_8			X_3	S_3

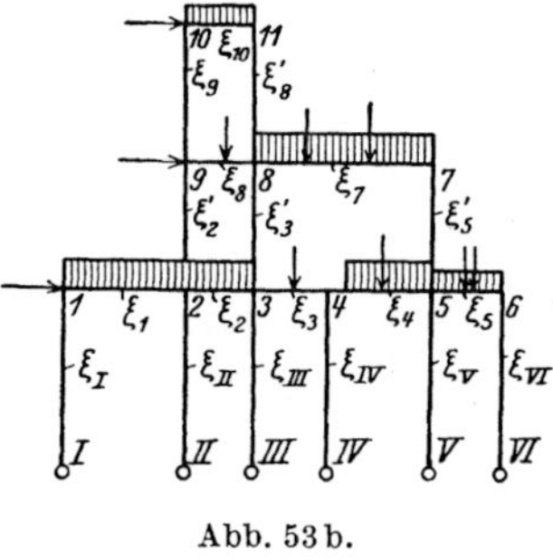

Für Gelenkrahmen lautet die rechte Seite der ersten Stockwerksgleichung $2\,S_1$ statt S_1.

In bezug auf die in Abb. 53a und 53b dargestellten Gelenkrahmen erhalten wir Tabelle VIa bzw. VIb als Koeffiziententabelle der Bestimmungsgleichungen.

Abb. 53a.

Abb. 53b.

Diese Tabellen wurden ebenso aufgestellt wie die Tabellen IIa und IIb.

d) Symmetrische Ausbildung mit waagerechten Einzellasten.

Bei einem symmetrisch gebauten Rahmentragwerk mit waagerechten Einzellasten in allen Knotenpunkten einer vertikalen Seite des Tragwerkes sind die Knotendrehwinkel und die Stabdrehwinkel der Stockwerke unbekannt. Sich entsprechende, symmetrisch gelegene Knotenpunkte weisen aber gleich große Knotendrehwinkel auf, wodurch der Grad der statischen Unbestimmtheit des zu behandelnden Rahmentragwerkes bedeutend geringer wird.

Tabelle VIIa.

Gleichung	Linke Seite der Gleichung												Rechte Seite der Gleichung
	φ_1	φ_2	φ_3	φ_4	φ_5	φ_6	φ_7	φ_8	φ_9	μ_1	μ_2	μ_3	
(1)	ϱ_1	ξ_1				ξ'_1				ξ_I	ξ'_1		0
(2)	ξ_1	ϱ_2	ξ_2		ξ'_2					ξ_II	ξ'_2		0
(3)		$2\xi_2$	ϱ_3	ξ_3						ξ_III	ξ_3		0
(4)			ξ_3	ϱ_4	$2\xi_4$				ξ'_4		ξ_3	ξ'_4	0
(5)		ξ'_2		ξ_4	ϱ_5	ξ_5		ξ'_5			ξ'_2	ξ'_5	0
(6)	ξ'_1				ξ_5	ϱ_6	ξ_6				ξ'_1	ξ_6	0
(7)						ξ_6	ϱ_7	ξ_7				ξ_6	0
(8)					ξ'_5		ξ_7	ϱ_8	ξ_8			ξ'_5	0
(9)				ξ'_4				$2\xi_8$	ϱ_9			ξ'_4	0
(10)	ξ_I	ξ_II	ξ_III							$X_1/2$			$S_1/2$
(11)	ξ'_1	ξ'_2	$\xi_3/2$	$\xi_3/2$	ξ'_2	ξ'_1					$X_2/2$		$S_2/2$
(12)				$\xi'_4/2$	ξ'_5	ξ_6	ξ_6	ξ'_5	$\xi'_4/2$			$X_3/2$	$S_3/2$

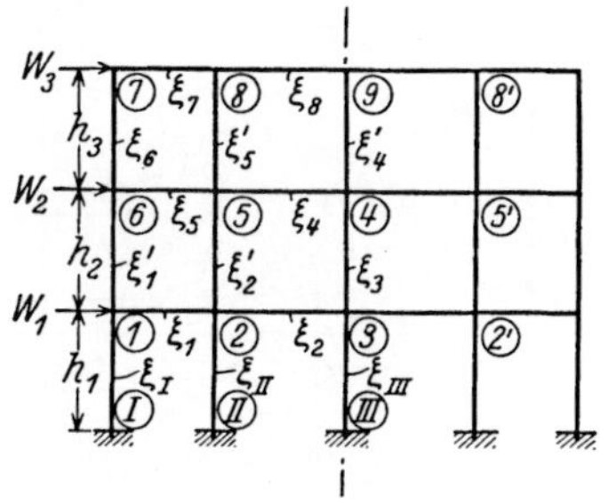

Abb. 54a.

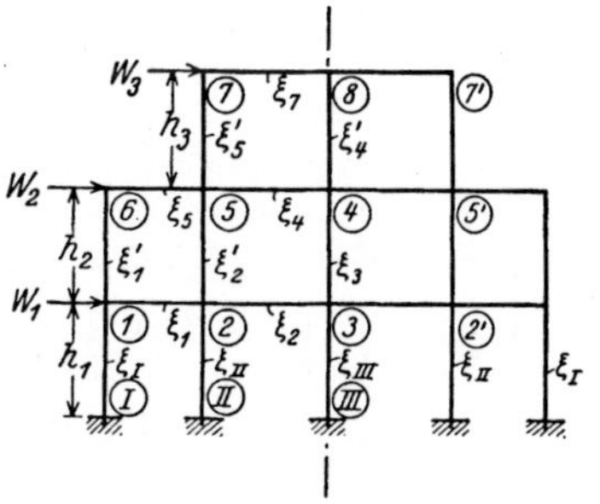

Abb. 54b.

Tabelle VIIb.

Gleichung	Linke Seite der Gleichung											Rechte Seite der Gleichung
	φ_1	φ_2	φ_3	φ_4	φ_5	φ_6	φ_7	φ_8	μ_1	μ_2	μ_3	
(1)	ϱ_1	ξ_1				ξ'_1			ξ_I	ξ'_1		0
(2)	ξ_1	ϱ_2	ξ_2		ξ'_2				ξ_II	ξ'_2		0
(3)		$2\xi_2$	ϱ_3	ξ_3					ξ_III	ξ_3		0
(4)			ξ_3	ϱ_4	$2\xi_4$			ξ'_4		ξ_3	ξ'_4	0
(5)		ξ'_2		ξ_4	ϱ_5	ξ_5	ξ'_5			ξ'_2	ξ'_5	0
(6)	ξ'_1				ξ_5	ϱ_6				ξ'_1		0
(7)					ξ'_5		ϱ_7	ξ_7			ξ'_5	0
(8)				ξ'_4			$2\xi_7$	ϱ_8			ξ'_4	0
(9)	ξ_I	ξ_II	$\tfrac{1}{2}\xi_\mathrm{III}$						$X_1/2$			$S_1/2$
(10)	ξ'_1	ξ'_2	$\tfrac{1}{2}\xi_3$	$\tfrac{1}{2}\xi_3$	ξ'_2	ξ'_1				$X_2/2$		$S_2/2$
(11)				$\tfrac{1}{2}\xi'_4$	ξ'_5		ξ'_5	$\tfrac{1}{2}\xi'_4$			$X_3/2$	$S_3/2$

Bezeichnet man mit k die Anzahl sämtlicher, mit m die Anzahl der auf der symmetrischen Bauachse liegenden Knotenpunkte und mit n die Anzahl der Stockwerke, so sind, bei einem symmetrisch gebauten Rahmentragwerk mit geradzahligen Öffnungen, unbekannt: $\tfrac{1}{2}(k + m)$ Knotendrehwinkel und n Stabdrehwinkel der Stockwerke; diese Tragwerke sind also im ganzen $\tfrac{1}{2}(k + m + 2\,n)$-fach statisch unbestimmt (Abb. 54a und 54b).

Bei einem Rahmentragwerk mit ungeradzahligen Öffnungen, k Knotenpunkten und n Stockwerken sind unbekannt $k/2$ Knotendrehwinkel und n Stabdrehwinkel der Stockwerke, also ist es im ganzen $\frac{1}{2}(k+2n)$-fach statisch unbestimmt (Abb. 56).

Diese zwei symmetrischen Fälle sind in Abb. 54a, 54b und 56 beispielshalber dargestellt.

Der in Abb. 54a dargestellte Rahmen mit vier Öffnungen und drei Stockwerken trägt eine waagerechte, in allen Knotenpunkten seiner linken Seite belastete Einzellast. Unbekannt sind die Knotendrehwinkel φ_1 bis φ_9 und die Winkel μ_1 bis μ_3 der drei Stockwerke.

Die neun Knotengleichungen und drei Stockwerksgleichungen liefern die umstehend aufgestellte Tabelle der Bestimmungsgleichungen, die man nach Tabelle IIa und IIb unter Berücksichtigung der Gl. (VII) entwickeln kann (Tabelle VIIa).

Der in Abb. 54b dargestellte Rahmen trägt waagerechte Einzellasten, die in allen Knotenpunkten seiner linken Seite angreifen.

Unbekannt sind die Knotendrehwinkel φ_1 bis φ_8 und die Winkel μ_1 bis μ_3.

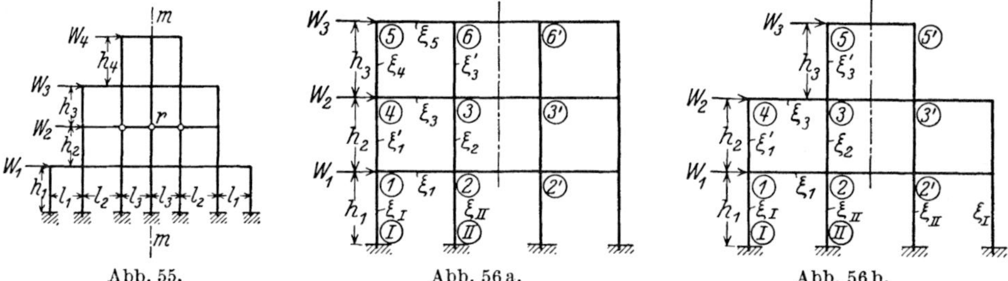

Abb. 55.   Abb. 56a.   Abb. 56b.

Die acht Knotengleichungen und drei Stockwerksgleichungen liefert die nachstehend aufgestellte Tabelle der Bestimmungsgleichungen (Tabelle VIIb).

Wir müssen hierbei darauf aufmerksam machen, daß für die Gleichgewichtsgleichung am Knoten r in der Achse $m-m$ (Abb. 55) der Koeffizient desjenigen Knotendrehwinkels, welcher sich am nächsten links vom Knotenpunkt r befindet, verdoppelt wird, weil aus Symmetriegründen sich entsprechende, symmetrisch gelegene Knotenpunkte, am nächsten links und am nächsten rechts vom Knotenpunkt r, Knotendrehwinkel von gleicher Größe und demselben Vorzeichen aufweisen.

Für die Stockwerksgleichungen vermindern sich die Koeffizienten von φ_3, φ_4, φ_9, μ_1, μ_2, μ_3 und die rechte Seite der Gleichung auf die Hälfte (s. Abb. 54a und Tabelle VIIa).

Ebenso vermindern sich in bezug auf Abb. 54b die Koeffizienten von φ_3, φ_4, φ_8, μ_1, μ_2, μ_3 und die rechte Seite der Gleichung auf die Hälfte (Tabelle VIIIb).

So z. B. sind in Tabelle VIIb für die Gleichgewichtsgleichungen (3), (4) und (8) in bezug auf die Knotenpunkte 3, 4 und 8 (Abb. 54b) die Koeffizienten von φ_2, φ_5 und φ_7: $2\,\xi_2$, $2\,\xi_4$ bzw. $2\,\xi_7$; für die Stockwerksgleichungen (9) bis (11) sind die Koeffizienten von φ_3, φ_4 und φ_8: $(0{,}5\,\xi_{\mathrm{III}}, 0{,}5\,\xi_3)$, $(0{,}5\,\xi_3, 0{,}5\,\xi_4')$ bzw. $0{,}5\,\xi_4'$; die Koeffizienten von μ_1, μ_2 und μ_3: $X_1/2$, $X_2/2$ und $X_3/2$; die rechte Seite der Gleichungen lautet $S_1/2$, $S_2/2$ und $S_3/2$ (s. Tabelle VIIb).

Der in Abb. 56a dargestellte Rahmen mit drei Öffnungen und drei Stockwerken ist neunfach statisch unbestimmt, weil die Knotendrehwinkel φ_1 bis φ_6 und die Winkel μ_1 bis μ_3 der drei Stockwerke unbekannt sind.

Die sechs Knotengleichungen und drei Stockwerksgleichungen ergeben die folgende Tabelle der Bestimmungsgleichungen (Tabelle VIIIa). Für die Gleichgewichtsgleichungen an denjenigen Knotenpunkten, welche sich am nächsten links der Achse befinden, schreiben wir $[\varrho]$ statt ϱ; für die Stockwerksgleichungen vermindern sich die Koeffizienten von μ und die rechte Seite der Gleichung auf die Hälfte.

Tabelle VIIIa.

Gleichung	Linke Seite der Gleichung									Rechte Seite der Gloiohung
	φ_1	φ_2	φ_3	φ_4	φ_5	φ_6	μ_1	μ_2	μ_3	
(1)	ϱ_1	ξ_1		ξ'_1			ξ_I	ξ'_1		0
(2)	ξ_1	$[\varrho_2]$	ξ_2				ξ_II	ξ_2		0
(3)		ξ_2	$[\varrho_3]$	ξ_3		ξ'_3		ξ_2	ξ'_3	0
(4)	ξ'_1		ξ_3	ϱ_4	ξ_4			ξ'_1	ξ_4	0
(5)				ξ_4	ϱ_5	ξ_5			ξ_4	0
(6)			ξ'_3		ξ_5	$[\varrho_6]$			ξ'_3	0
(7)	ξ_I	ξ_II					$X_1/2$			$S_1/2$
(8)	ξ'_1	ξ_2	ξ_2	ξ'_1				$X_2/2$		$S_2/2$
(9)			ξ'_3	ξ_4	ξ_4	ξ'_3			$X_3/2$	$S_3/2$

Z. B. setzen wir für die Gleichgewichtsgleichungen (2), (3) und (6) in Tabelle VIIIa in bezug auf die Knotenpunkte *2*, *3* und *6* (Abb. 56a): $[\varrho_2]$, $[\varrho_3]$ und $[\varrho_6]$ statt ϱ_2, ϱ_3 und ϱ_6; für die Stockwerksgleichungen (7) bis (9) sind die Koeffizienten von μ_1, μ_2 und μ_3: $X_1/2$, $X_2/2$ und $X_3/2$; und die rechte Seite der Gleichungen lautet $S_1/2$, $S_2/2$ und $S_3/2$ (Tabelle VIIIa).

Tabelle VIIIb.

Gleichung	Linke Seite der Gleichung								Rechte Seite der Gleichung
	φ_1	φ_2	φ_3	φ_4	φ_5	μ_1	μ_2	μ_3	
(1)	ϱ_1	ξ_1		ξ'_1		ξ_I	ξ'_1		0
(2)	ξ_1	$[\varrho_2]$	ξ_2			ξ_II	ξ_2		0
(3)		ξ_2	$[\varrho_3]$	ξ_3	ξ'_3		ξ_2	ξ'_3	0
(4)	ξ'_1		ξ_3	ϱ_4			ξ'_1		0
(5)			ξ'_3		$[\varrho_5]$			ξ'_3	0
(6)	ξ_I	ξ_II				$X_1/2$			$S_1/2$
(7)	ξ'_1	ξ_2	ξ_2	ξ'_1			$X_2/2$		$S_2/2$
(8)			ξ'_3		ξ'_3			$X_3/2$	$S_3/2$

$$[\varrho_2] = \varrho_2 + \xi_{2-2'} \qquad [\varrho_3] = \varrho_3 + \xi_{3-3'} \quad \text{usw.}$$

Der in Abb. 56b dargestellte Rahmen ist achtfach statisch unbestimmt, weil die Knotendrehwinkel φ_1 bis φ_5 und die Winkel μ_1 bis μ_3 unbekannt sind.

Die fünf Knotengleichungen und drei Stockwerksgleichungen bestimmen die Tabelle der Bestimmungsgleichungen (Tabelle VIIIb).

§ 5. Eigenschaften der Grundtabellen und deren Aufstellungsregeln.

a) Bestimmung der Koeffizienten und Festwerte.

Die Koeffizienten der Unbekannten in den Bestimmungsgleichungen müssen aus ξ, ϱ und X oder auch aus den Gln. (II), (III) und (IV) berechnet werden; die Festwerte der rechten Seite der Bestimmungsgleichungen sind aus der Tabelle I und der Gl. (V) oder (VIIa) zu errechnen.

b) Diagonale Linien von ϱ, ξ und andere Eigenschaften der Grundtabellen.

Der Koeffizient ϱ befindet sich in jeder Tabelle (Tabelle III bis VIII) auf einer geraden Linie, welche als eine Diagonale eines aus der senkrechten Richtung der Bestimmungsgleichungen und waagerechten Richtung der Unbekannten gebildeten Quadrates erscheint, das wir „Großes Quadrat" nennen.

Die Größe ϱ befindet sich immer auf dieser diagonalen Linie des Großen Quadrats, die Indexnummerreihe von ϱ verläuft von der oberen linken Ecke des Großen Quadrats nach der unteren rechten desselben.

In den Tabellen finden wir auch eine Linie von ξ zu beiden Seiten der ϱ-Linie; die Aufstellungsnummerreihe von ξ ist ganz dieselbe wie von ϱ; dagegen verläuft die Linie von ξ' rechtwinklig zur ϱ-Linie; ξ' liegt also in diesem Falle rechtwinklig zur diagonalen Linie des Großen Quadrats, in dem ein Teil links herabkommt und der andere rechts aufsteigt, so daß beide an der diagonalen Linie des Großen

Tabelle IX.

Linke Seite der Gleichung		Rechte Seite der Gleichung	
φ	μ	Vertikale Belastung	Wagerechte Belastung

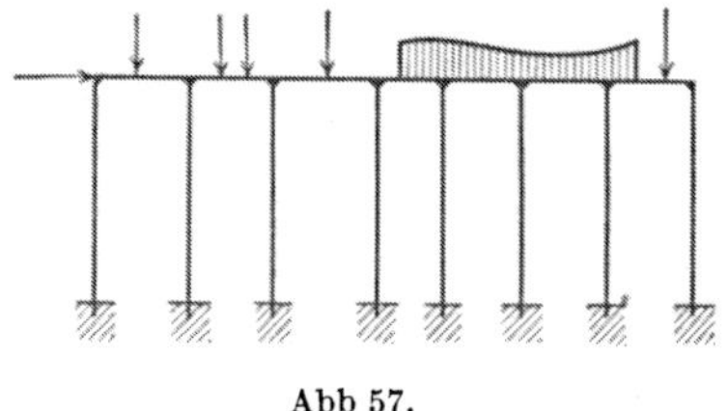

Abb 57.

Einstöckiger Rechteckrahmen mit beliebiger senkrechter Belastung auf den Balken und mit einer waagerechten Einzellast am Knotenpunkt auf der senkrechten linken Seite des Rahmengebildes.

Tabelle X.

Linke Seite d. Gleichung		Rechte Seite der Gleichung	
φ	μ	Vertikale Belastung	Wagerechte Belastung

Quadrats zusammentreffen. Diese Linie von ξ' kann auch als Diagonale eines „Kleinen Quadrats", das ein Teil des Großen ist, betrachtet werden. Für die X-Linie gilt das gleiche wie für ϱ.

In den Grundtabellen liegt die linke Seite der Gleichung symmetrisch zur diagonalen Linie von ϱ, und die Koeffizienten von μ mögen als senkrechte Projektion der ξ'-Linie angesehen werden, wie Tabelle III und VI zeigen; in denselben Tabellen findet man auch in den Stockwerksgleichungen die waagerechten Projektionen der ξ'-Linie.

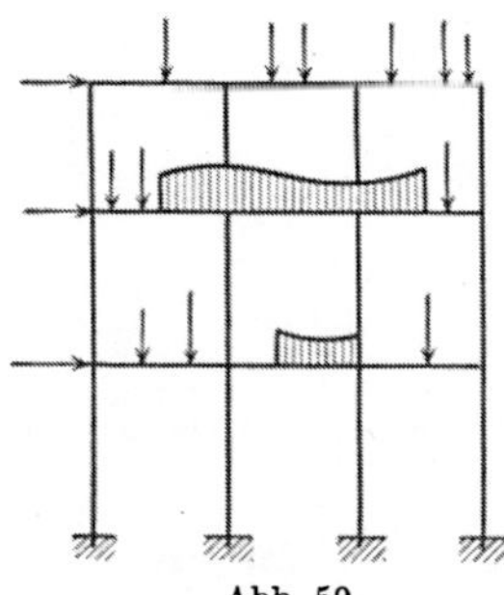

Abb. 58.

Zweistöckiger Rechteckrahmen mit beliebiger senkrechter Belastung auf den Balken und mit einer waagerechten Einzellast an den Knotenpunkten auf der senkrechten linken Seite des Rahmengebildes.

Tabelle XI.

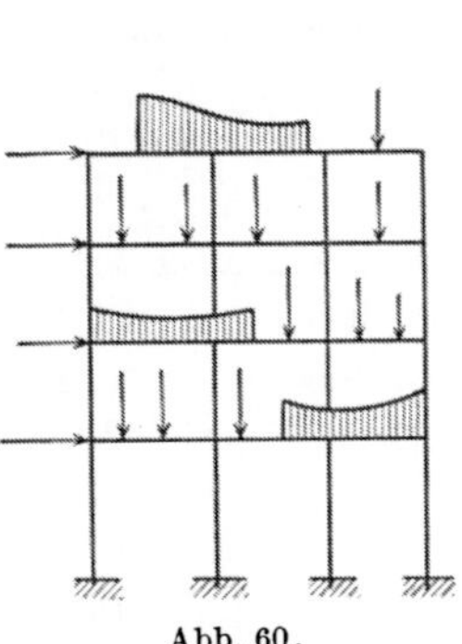

Abb. 59.

Dreistöckiger Rechteckrahmen mit beliebiger senkrechter Belastung auf den Balken und mit einer waagerechten Einzellast an den Knotenpunkten auf der senkrechten linken Seite des Rahmengebildes.

Tabelle XII.

Tabelle XIII.

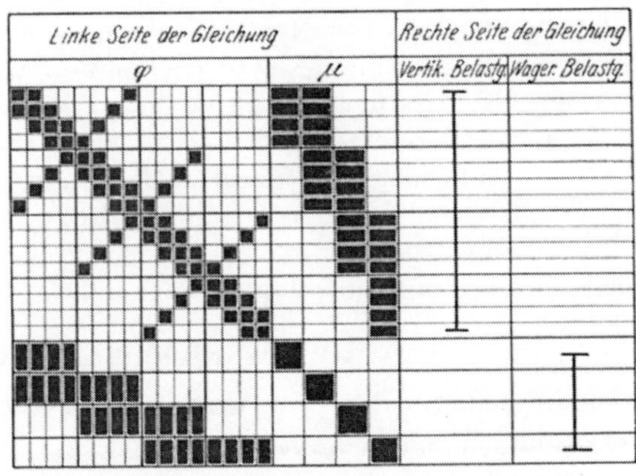

Vierstöckiger Rechteckrahmen mit beliebiger senkrechter Belastung auf den Balken und mit einer waagerechten Einzellast an den Knotenpunkten auf der senkrechten linken Seite des Rahmengebildes.

Für Rechteckrahmen mit beliebiger senkrechter Belastung auf den Balken und mit einer waagerechten Einzellast in jedem Knotenpunkt auf einer vertikalen Seite des Rahmengebildes wird die rechte Seite der Knotengleichung durch $\mathfrak{M}$ und S dargestellt.

Diese Eigenschaften der Grundtabellen und ihre Aufstellungsregeln sind in Tabelle IX klar zu erkennen.

Die allgemeine Grundform der Tabellen unseres Verfahrens ist in Abb. 57 bis 61 angegeben. Abb. 57 zeigt die allgemeine Grundform der Tabellen für den einstöckigen Rechteckrahmen mit beliebiger senkrechter Belastung auf den Balken und mit einer waagerechten Einzellast an den Knotenpunkten auf einer senkrechten Seite des Rahmengebildes. Abb. 58, 59, 60 und 61 zeigen die unter denselben Bedingungen allgemeinen Grundformen der Tabellen für den zwei-, drei-, vier- und fünfstöckigen Rechteckrahmen.

Tabelle XIV.

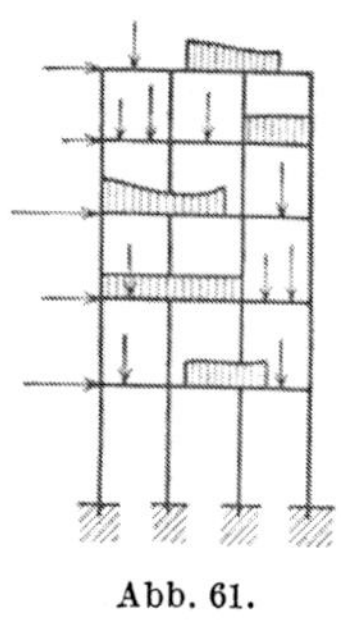

Abb. 61.

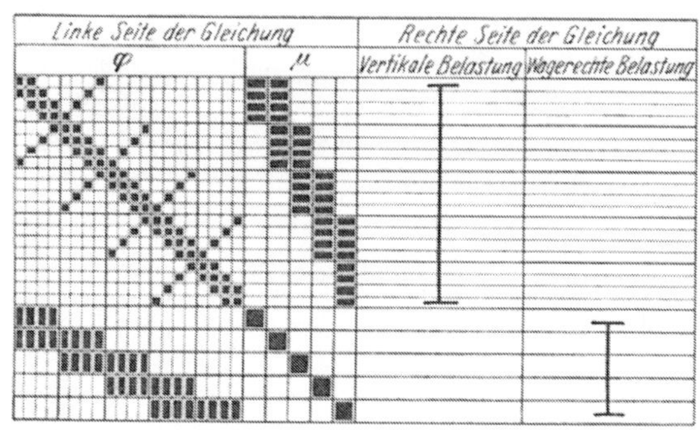

Fünfstöckiger Rechteckrahmen mit beliebiger senkrechter Belastung auf den Balken und mit einer waagerechten Einzellast an den Knotenpunkten auf der senkrechten linken Seite des Rahmengebildes.

§ 6. Auflösung der Elastizitätsgleichungen.

Bei der statischen Untersuchung eines mehrstöckigen und mehrfeldigen Rahmens treten gewöhnlich ebensoviel Elastizitätsgleichungen als statisch Unbestimmte auf: sie sind linear nach den Unbekannten.

Im allgemeinen enthalten n Elastizitätsgleichungen mit n Unbekannten insgesamt n^2 Koeffizienten der Unbekannten und n Festwerte, von denen bei manchen Aufgaben mehrere gleich Null sein können, wodurch die Auflösung in hohem Grade vereinfacht wird.

Für die Auflösung einer linearen Gleichungsgruppe steht das Eliminationsverfahren und das Iterationsverfahren zur Verfügung.

Das erstere ist nur mit der Rechenmaschine und das letztere nur mit dem Rechenschieber mit unbedingter Genauigkeit und Sicherheit durchführbar.

a) Das Eliminationsverfahren.

Im folgenden werden die Unbekannten mit $X_1, X_2, X_3 \ldots$ und die Koeffizienten mit $A, B, C \ldots$ bezeichnet.

Es seien z. B. vier Gleichungen mit vier Unbekannten:

$$(1) \qquad A_1 X_1 + A_2 X_2 + A_3 X_3 + A_4 X_4 = m_1,$$

$$(2) \qquad B_1 X_1 + B_2 X_2 + B_3 X_3 + B_4 X_4 = m_2,$$

$$(3) \qquad C_1 X_1 + C_2 X_2 + C_3 X_3 + C_4 X_4 = m_3,$$

$$(4) \qquad D_1 X_1 + D_2 X_2 + D_3 X_3 + D_4 X_4 = m_4.$$

Dieselben Gleichungen können folgendermaßen tabellarisiert werden (Tabelle XV).

Tabelle XV.

Gleichung	Linke Seite der Gleichung				Rechte Seite der Gleichung
	X_1	X_2	X_3	X_4	
(1)	A_1	A_2	A_3	A_4	m_1
(2)	B_1	B_2	B_3	B_4	m_2
(3)	C_1	C_2	C_3	C_4	m_3
(4)	D_1	D_2	D_3	D_4	m_4

Aus Gl. (1) ergibt sich:

$$(5)\quad \begin{cases} X_1 + a_1 X_2 + a_2 X_3 + a_3 X_4 = n_1, \\ \text{wobei} \\ \quad a_1 = \dfrac{A_2}{A_1}, \qquad a_2 = \dfrac{A_3}{A_1}, \\ \quad a_3 = \dfrac{A_4}{A_1}, \qquad n_1 = \dfrac{m_1}{A_1}. \end{cases}$$

In analoger Weise aus Gl. (2)

$$(6)\quad \begin{cases} X_1 + b_1 X_2 + b_2 X_3 + b_3 X_4 = n_2, \\ \text{wobei} \\ \quad b_1 = \dfrac{B_2}{B_1}, \qquad b_2 = \dfrac{B_3}{B_1}, \\ \quad b_3 = \dfrac{B_4}{B_1}, \qquad n_2 = \dfrac{m_2}{B_1}. \end{cases}$$

Aus Gl. (3) folgt:

$$(7)\quad \begin{cases} X_1 + c_1 X_2 + c_2 X_3 + c_3 X_4 = n_3, \\ \text{wobei} \\ \quad c_1 = \dfrac{C_2}{C_1}, \qquad c_2 = \dfrac{C_3}{C_1}, \\ \quad c_3 = \dfrac{C_4}{C_1}, \qquad n_3 = \dfrac{m_3}{C_1}. \end{cases}$$

Entsprechend aus Gl. (4)

$$(8)\quad \begin{cases} X_1 + d_1 X_2 + d_2 X_3 + d_3 X_4 = n_4, \\ \text{wobei} \\ \quad d_1 = \dfrac{D_2}{D_1}, \qquad d_2 = \dfrac{D_3}{D_1}, \\ \quad d_3 = \dfrac{D_4}{D_1}, \qquad n_4 = \dfrac{m_4}{D_1}. \end{cases}$$

Eliminiert man X_1 in Gl. (5) und Gl. (6), so wird

$$(a_1 - b_1) X_2 + (a_2 - b_2) X_3 + (a_3 - b_3) X_4 = n_1 - n_2$$

oder

$$X_2 + \frac{a_2 - b_2}{a_1 - b_1} X_3 + \frac{a_3 - b_3}{a_1 - b_1} X_4 = \frac{n_1 - n_2}{a_1 - b_1}$$

oder auch:

$$(9)\quad \begin{cases} X_2 + a_1' X_3 + a_2' X_4 = n_1', \\ \text{wobei} \\ a_1' = \dfrac{a_2 - b_2}{a_1 - b_1}, \\ a_2' = \dfrac{a_3 - b_3}{a_1 - b_1}, \\ n_1' = \dfrac{n_1 - n_2}{a_1 - b_1}. \end{cases}$$

In analoger Weise liefert die Elimination von X_1 in Gl. (6) und Gl. (7):

$$(10)\quad \begin{cases} X_2 + b_1' X_3 + b_2' X_4 = n_2', \\ \text{wobei} \\ b_1' = \dfrac{b_2 - c_2}{b_1 - c_1}, \\ b_2' = \dfrac{b_3 - c_3}{b_1 - c_1}, \\ n_2' = \dfrac{n_2 - n_3}{b_1 - c_1}\ ; \end{cases}$$

in Gl. (7) und Gl. (8)

$$(11)\quad \begin{cases} X_2 + c_1' X_3 + c_2' X_4 = n_3', \\ \text{wobei} \\ c_1' = \dfrac{c_2 - d_2}{c_1 - d_1}, \\ c_2' = \dfrac{c_3 - d_3}{c_1 - d_1}, \\ n_3' = \dfrac{n_3 - n_4}{c_1 - d_1}. \end{cases}$$

Ganz gleichartig können wir danach X_2 und dann X_3 eliminieren und am Ende X_4 erhalten.

Diese Zwischenrechnung und der weitere Fortgang der Rechnung nach dem Eliminationsverfahren ist aus Tabelle XVI sofort ersichtlich.

In Tabelle XVI ist

$$a_1'' = \frac{a_2' - b_2'}{a_1' - b_1'}, \qquad b_1'' = \frac{b_2' - c_2'}{b_1' - c_1'},$$

$$n_1'' = \frac{n_1' - n_2'}{a_1' - b_1'}, \qquad n_2'' = \frac{n_2' - n_3'}{b_1' - c_1'}.$$

Die Endrechnung liefert:

$$X_4 = \frac{n_1'' - n_2''}{a_1'' - b_1''} = \varDelta_4,$$

$$X_3 = n_1'' - a_1'' X_4 = n_1'' - a_1'' \varDelta_4 = \varDelta_3,$$

$$X_2 = n_1' - a_1' \varDelta_3 - a_2' \varDelta_4 = \varDelta_2,$$

$$X_1 = n_1 - a_1 \varDelta_2 - a_2 \varDelta_3 - a_3 \varDelta_4 = \varDelta_1.$$

Tabelle XVI. Zwischenrechnung nach dem Eliminationsverfahren.

Gleichung	Linke Seite der Gleichung				Rechte Seite der Gleichung	Bemerkung
	X_1	X_2	X_3	X_4		
(1)	A_1	A_2	A_3	A_4	m_1	
(2)	B_1	B_2	B_3	B_4	m_2	
(3)	C_1	C_2	C_3	C_4	m_3	
(4)	D_1	D_2	D_3	D_4	m_4	
(5)	$+1$	a_1	a_2	a_3	n_1	$(1):A_1$
(6)	$+1$	b_1	b_2	b_3	n_2	$(2):B_1$
(7)	$+1$	c_1	c_2	c_3	n_3	$(3):C_1$
(8)	$+1$	d_1	d_2	d_3	n_4	$(4):D_1$
		$a_1 - b_1$	$a_2 - b_2$	$a_3 - b_3$	$n_1 - n_2$	$(5)-(6)$
		$h_1 - c_1$	$b_2 - c_2$	$b_3 - c_3$	$n_2 - n_3$	$(6)-(7)$
		$c_1 - d_1$	$c_2 - d_2$	$c_3 - d_3$	$n_3 - n_4$	$(7)-(8)$
(9)		$+1$	a'_1	a'_2	n'_1	$[(5)-(6)]:(a_1-b_1)$
(10)		$+1$	b'_1	b'_2	n'_2	$[(6)-(7)]:(b_1-c_1)$
(11)		$+1$	c'_1	c'_2	n'_3	$[(7)-(8)]:(c_1-d_1)$
			$a'_1 - b'_1$	$a'_2 - b'_2$	$n'_1 - n'_2$	$(9)-(10)$
			$b'_1 - c'_1$	$b'_2 - c'_2$	$n'_2 - n'_3$	$(10)-(11)$
(12)			$+1$	a''_1	n''_1	$[(9)-(10)]:(a'_1-b'_1)$
(13)			$+1$	b''_1	n''_2	$[(10)-(11)]:(b'_1-c'_1)$
				$a''_1 - b''_1$	$n''_1 - n''_2$	$(12)-(13)$
(14)				$+1$	$\dfrac{n''_1 - n''_2}{a''_1 - b''_1}$	$[(12)-(13)]:(a''_1-b''_1)$

b) Das Iterationsverfahren.

Das Iterationsverfahren ist ein angenähertes Rechnungsverfahren zur Auflösung der Elastizitätsgleichungen. Wie schon von Gehler gezeigt worden ist, ist es gleichwohl zu unterscheiden von dem „Annäherungsverfahren".

Es ist anwendbar auf Gleichungssysteme, deren Diagonalkoeffizienten wesentlich größer sind als die anderen Koeffizienten, wie das in den vorstehenden Gleichungstabellen ersichtlich war, und bei solchen Elastizitätsgleichungen kommen die Lösungen von den ersten rohen Näherungswerten den genauen Werten mit unbedingter Sicherheit immer näher, und zwar um so rascher, je kleiner alle anderen Koeffizienten gegenüber den Diagonalkoeffizienten sind und erreichen schließlich einen bleibenden Endwert, der sich von den Werten der genauen Rechnung nicht mehr unterscheidet[1].

A. Iterationsverfahren I. Symmetrische Anordnung und Belastung. Ein symmetrisch gebautes Rahmentragwerk mit einer symmetrischen Belastung bedingt für sämtliche Stäbe $\mu = 0$. Als Unbekannte treten also nur die Knotendrehwinkel auf; wir bezeichnen mit X die Unbekannten.

In den einzelnen Elastizitätsgleichungen tritt, wie schon dargelegt, jedesmal eine Unbekannte besonders stark auf, d. h. beispielsweise sind in dem System der fünf folgenden Elastizitätsgleichungen:

$$\text{(A)} \qquad A_1 X_1 + a_2 X_2 + a_3 X_3 + a_4 X_4 + a_5 X_5 = m_1 ,$$
$$\text{(B)} \qquad b_1 X_1 + B_2 X_2 + b_3 X_3 + b_4 X_4 + b_5 X_5 = m_2 ,$$
$$\text{(C)} \qquad c_1 X_1 + c_2 X_2 + C_3 X_3 + c_4 X_4 + c_5 X_5 = m_3 ,$$
$$\text{(D)} \qquad d_1 X_1 + d_2 X_2 + d_3 X_3 + D_4 X_4 + d_5 X_5 = m_4 ,$$
$$\text{(E)} \qquad e_1 X_1 + e_2 X_2 + e_3 X_3 + e_4 X_4 + E_5 X_5 = m_5$$

---

[1] Gehler, W.: Nebenspannungen eiserner Fachwerksbrücken, S. 27. Berlin 1910.

die großgedruckten Koeffizienten absolut viel größer als die andern klein-
gedruckten Koeffizienten auf der linken Seite, und die ersten, noch gröberen
Näherungswerte für die Unbekannten gewinnt man nach den stark auftretenden
Unbekannten aus den Ansätzen

$$A_1 X_1' + a_2 X_1' + a_3 X_1' + a_4 X_1' + a_5 X_1' = m_1 ,$$
$$b_1 X_2' + B_2 X_2' + b_3 X_2' + b_4 X_2' + b_5 X_2' = m_2 \qquad \text{usw.}$$

zu

$$X_1' = m_1 : (A_1 + a_2 + a_3 + a_4 + a_5) ,$$
$$X_2' = m_2 : (b_1 + B_2 + b_3 + b_4 + b_5) \qquad \text{usw.}$$

Diese ersten Näherungswerte werden in die Gleichungen eingesetzt. Die erste
Gleichung (A) lautet dann:

$$A_1 X_1 + a_2 X_2' + a_3 X_3' + a_4 X_4' + a_5 X_5' = m_1 ,$$

welche, nach X_1 aufgelöst, den zweiten genaueren Näherungswert X_1'' liefert.

Als zweite Gleichung (B), mit diesem zweiten Näherungswert X_1'' und den
andern ersten Näherungswerten, ergibt sich:

$$b_1 X_1'' + B_2 X_2 + b_3 X_3' + b_4 X_4' + b_5 X_5' = m_2 ,$$

welche, nach X_2 aufgelöst, den zweiten genaueren Näherungswert X_2'' liefert.

Im gewöhnlichen Iterationsverfahren pflegt man dabei den zweiten Näherungswert X_1'' nicht zu benutzen, sondern bloß den ersten Näherungswert X_1',
aber nach dem Rechnungsverfahren des Verfassers schreitet die Rechnung damit
schneller bis zum genaueren Wert vorwärts.

Die dritte Gleichung (C) mit X_1'', X_2'' und andern X' lautet:

$$c_1 X_1'' + c_2 X_2'' + C_3 X_3 + c_4 X_4' + c_5 X_5' = m_3$$

mit der Lösung X_3''.

Die weiteren Rechnungen stellen sich dann wie folgt dar:

$$d_1 X_1'' + d_2 X_2'' + d_3 X_3'' + D_4 X_4 + d_5 X_5' = m_4 ,$$
$$e_1 X_1'' + e_2 X_2'' + e_3 X_3'' + e_4 X_4'' + E_5 X_5 = m_5$$

mit den Lösungen X_4'' und X_5''.

Diese zweiten Annäherungen liefern wieder neue Gleichungen von der Form

$$A_1 X_1 + a_2 X_2'' + a_3 X_3'' + a_4 X_4'' + a_5 X_5'' = m_1 ,$$
$$b_1 X_1''' + B_2 X_2 + b_3 X_3'' + b_4 X_4'' + b_5 X_5'' = m_2 ,$$
$$c_1 X_1''' + c_2 X_2''' + C_3 X_3 + c_4 X_4'' + c_5 X_5'' = m_3 ,$$
$$d_1 X_1''' + d_2 X_2''' + d_3 X_3''' + D_4 X_4 + d_5 X_5'' = m_4 ,$$
$$e_1 X_1''' + e_2 X_2''' + e_3 X_3''' + e_4 X_4''' + E_5 X_5 = m_5$$

mit den Lösungen X_1''', X_2''', X_3''', X_4''' und X_5'''.

B. Iterationsverfahren II. Unsymmetrische Anordnung und Belastung.

In einem Rahmen unter unsymmetrischen Bedingungen treten als Unbekannte
die Knotendrehwinkel und Stabdrehwinkel auf; wir bezeichnen diese statisch
Unbestimmten mit X bzw. Y.

Wie im vorstehenden Beispiel tritt eine Unbekannte in den einzelnen Elastizitätsgleichungen besonders stark auf, beispielsweise seien in dem System dieser vier Elastizitätsgleichungen:

$$(a) \qquad A_1 X_1 + a_2 X_2 + a_3 Y_1 + a_4 Y_2 = m_1,$$

$$(b) \qquad b_1 X_1 + B_2 X_2 + b_3 Y_1 + b_4 Y_2 = m_2,$$

$$(c) \qquad c_1 X_1 + c_2 X_2 + C_3 Y_1 + c_4 Y_2 = m_3,$$

$$(d) \qquad d_1 X_1 + d_2 X_2 + d_3 Y_1 + D_4 Y_2 = m_4$$

die großgedruckten Koeffizienten absolut viel größer als die andern kleingedruckten Koeffizienten auf der linken Seite, und die ersten, noch gröberen Näherungswerte für die Unbekannten X gewinne man als Funktionen von Y nach den stark auftretenden Unbekannten aus den Ansätzen

$$A_1 X_1' + a_2 X_1' = m_1 - a_3 Y_1 - a_4 Y_2,$$

$$b_1 X_2' + B_2 X_2' = m_2 - b_3 Y_1 - b_4 Y_2$$

zu

$$(e) \qquad X_1' = (m_1 - a_3 Y_1 - a_4 Y_2) : (A_1 + a_2),$$

$$(f) \qquad X_2' = (m_2 - b_3 Y_1 - b_4 Y_2) : (b_1 + B_2).$$

Diese ersten Näherungswerte werden in die Gln. (c) und (d) eingesetzt.

Die Gln. (c) und (d) lauten dann:

$$(g) \qquad Y_1 (C_3 - c_1 a_3' - c_2 b_3') + Y_2 (c_4 - c_1 a_4' - c_2 b_4') = m_3 - c_1 m_1' - c_2 m_2',$$

$$(h) \qquad Y_1 (d_3 - d_1 a_3' - d_2 b_3') + Y_2 (D_4 - d_1 a_4' - d_2 b_4') = m_4 - d_1 m_1' - d_2 m_2',$$

worin

$$a_3' = \frac{a_3}{A_1 + a_2}, \qquad b_3' = \frac{b_3}{b_1 + B_2},$$

$$a_4' = \frac{a_4}{A_1 + a_2}, \qquad b_4' = \frac{b_4}{b_1 + B_2},$$

$$m_1' = \frac{m_1}{A_1 + a_2}, \qquad m_2' = \frac{m_2}{b_1 + B_2}$$

ist.

Die ersten, anfänglich noch gröberen Näherungswerte für die Unbekannten Y lassen sich aus den Ansätzen

$$Y_1' (C_3 - c_1 a_3' - c_2 b_3') + Y_1' (c_4 - c_1 a_4' - c_2 b_4') = m_3 - c_1 m_1' - c_2 m_2',$$

$$Y_2' (d_3 - d_1 a_3' - d_2 b_3') + Y_2' (D_4 - d_1 a_4' - d_2 b_4') = m_4 - d_1 m_1' - d_2 m_2'$$

gewinnen, so daß man

$$Y_1' = (m_3 - c_1 m_1' - c_2 m_2') : \{ C_3 + c_4 - c_1 (a_3' + a_4') - c_2 (b_3' + b_4') \},$$

$$Y_2' = (m_4 - d_1 m_1' - d_2 m_2') : \{ d_3 + D_4 - d_1 (a_3' + a_4') - d_2 (b_3' + b_4') \}$$

erhält.

Mit den ersten Näherungswerten Y_1' und Y_2' liefern die Gl. (e) und (f) die ersten Näherungswerte X_1' und X_2'.

Diese ersten Näherungswerte werden in die Gleichungen eingesetzt.

Die erste Gleichung (a) lautet dann:

$$A X_1 + a_2 X_2' + a_3 Y_1' + a_4 Y_2' = m_1,$$

welche, nach X_1 aufgelöst, den zweiten genaueren Näherungswert X_1'' liefert.

Die zweite Gleichung (b) mit diesem zweiten Näherungswert X_1'' und die andern ersten Näherungswerte lautet:

$$b_1 X_1'' + B_2 X_2 + b_3 Y_1' + b_4 Y_2' = m_2,$$

welche, nach X_2 aufgelöst, den zweiten genaueren Näherungswert X_2'' liefert.

Die weiteren Rechnungen ergeben entsprechend:

$$c_1 X_1'' + c_2 X_2'' + C_3 Y_1 + c_4 Y_2' = m_3,$$
$$d_1 X_1'' + d_2 X_2'' + d_3 Y_1'' + D_4 Y_2 = m_4$$

mit den Lösungen Y_1'' und Y_2''.

Diese zweiten Annäherungen liefern wieder neue Gleichungen von der Form:

$$A_1 X_1 + a_2 X_2'' + a_3 Y_1'' + a_4 Y_2'' = m_1,$$
$$b_1 X_1''' + B_2 X_2 + b_3 Y_1'' + b_4 Y_2'' = m_2,$$
$$c_1 X_1''' + c_2 X_2''' + C_3 Y_1 + c_4 Y_2'' = m_3,$$
$$d_1 X_1''' + d_2 X_2''' + d_3 Y_1''' + D_4 Y_2 = m_4$$

mit den Lösungen X_1''', X_2''', Y_1''' und Y_2'''.

Dieses Iterationsverfahren läßt die Rechnung von den ersten gröberen Werten durch derartige Fortführung allmählich, dann rascher zu immer genaueren Werten vorwärts schreiten, so daß es bei einigermaßen günstiger Koeffizientenverteilung viel schneller als das Eliminationsverfahren zum Ziele führt. Mathematisch genaue Resultate z. B., die durch das Eliminationsverfahren nach langwieriger, ermüdender einmonatiger Anstrengung erreicht worden sind, konnte unser Iterationsverfahren in der verhältnismäßig kurzen Zeit von zehn Stunden schon liefern, wobei in Betracht zu ziehen ist, daß es bei komplizierten Aufgaben nach dem Eliminationsverfahren schwer ist, mathematisch genaue Werte zu erhalten, weil die Fehlerwirkungen beim Auflösen mehrerer Gleichungen durch Vernachlässigung hoher Dezimalstellen sehr ins Gewicht fallen.

§ 7. Rechnungsbeispiele.

Als Zahlenbeispiel zur Anwendung des Verfahrens möge im nachfolgenden die Berechnung verschiedener Stockwerkrahmen vorgeführt werden. Gesucht sind die Knotenbiegungsmomente, und die zur Berechnung erforderliche Arbeit umfaßt:

1. die allgemeinen Vorermittlungen, und zwar:

a) die Berechnung der Stabwerte h, l, J für alle Stäbe des Rahmens,

b) die Berechnung der Festwerte ξ, ϱ, X für alle Stäbe und Knotenpunkte sowie für alle Stockwerke,

c) die Berechnung der Festwerte $\mathfrak{M}$ und S, welche von den gegebenen Belastungen und von der Form des Gebildes abhängig sind,

d) die Aufstellung der Gleichungstabellen für das gegebene Rahmengebilde und die gegebene Belastung, sowie

2. die eigentliche Knotenmomentsrechnung, und zwar:

e) die Ermittlung der Unbekannten φ und μ durch das Iterations- oder Eliminationsverfahren,

f) die Berechnung der Knotenmomente aus Gl. (I),

g) die Kontrolle der Rechnungsergebnisse, für welche die Gleichgewichtsgleichungen (VI) und (VII) erfüllt sein müssen.

Beispiel I. Vierfeldiger, zweigeschossiger, symmetrischer Rechteckrahmen mit fünf eingespannten Ständern. Als Zahlenbeispiel zur Anwendung des Verfahrens möge im nachfolgenden kurz die Berechnung des vierfeldigen, symmetrischen Rechteckrahmens mit zwei Stockwerken nach Abb. 62 mit in den Einzelstäben unveränderlichen Trägheitsmomenten vorgeführt werden. Er trägt auf den Balken beliebige vertikale, symmetrische Belastungen.

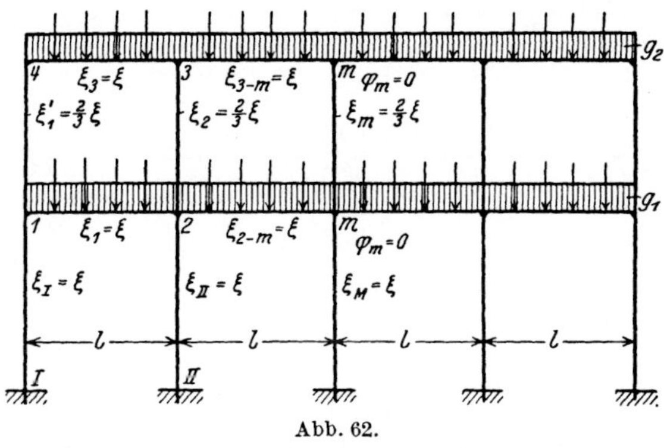

Abb. 62.

Es sollen die Knotenpunktsmomente ermittelt werden. Infolge der Symmetrie ist $\varphi_m = 0$ und eine Verschiebung der Knoten im waagerechten Sinne unmöglich, es sind also alle $\mu = 0$. Der Rahmen ist also vierfach statisch unbestimmt. Zufolge dem Grundfall von Tabelle IV a liefert das Verfahren der Gleichungstabulierung die nachstehende Tabelle, welche die vier Unbekannten φ_1 bis φ_4 finden läßt (Tabelle XVII).

Es sei z. B.:

$$\xi_I = \xi_{II} = \xi_M = \xi_1 = \xi_3 = \xi_{2-m} = \xi_{3-m} = \xi,$$

$$\xi_1' = \xi_2 = \xi_m = \frac{2}{3}\,\xi,$$

dann ergibt sich:

$$\varrho_1 = 2\{\xi_I + \xi_1 + \xi_1'\} = 2\left\{\xi + \xi + \frac{2}{3}\,\xi\right\} = \frac{16}{3}\,\xi,$$

$$\varrho_2 = 2\{\xi_1 + \xi_2 + \xi_{2-m} + \xi_{II}\} = 2\left\{\xi + \frac{2}{3}\,\xi + \xi + \xi\right\} = \frac{22}{3}\,\xi,$$

$$\varrho_3 = 2\{\xi_2 + \xi_3 + \xi_{3-m}\} = 2\left\{\frac{2}{3}\,\xi + \xi + \xi\right\} = \frac{16}{3}\,\xi,$$

$$\varrho_4 = 2\{\xi_1' + \xi_3\} = 2\left\{\frac{2}{3}\,\xi + \xi\right\} = \frac{10}{3}\,\xi.$$

In bezug auf die in Abb. 62 dargestellte symmetrische Belastung ist:

$$\mathfrak{M} = \mathfrak{M}_{1-2} = \mathfrak{M}_{2-1} = \mathfrak{M}_{2-m} = \mathfrak{M}_{3-4} = \mathfrak{M}_{3-m} = \mathfrak{M}_{4-3}\,.$$

Setzt man diese Beiwerte und Festwerte in Tabelle XVII ein, so erhält man Tabelle XVIII, welche die vier Unbekannten φ_1 bis φ_4 als Funktion von $\mathfrak{M} : \xi$ bestimmen läßt.

Tabelle XVII.

Gleichung	Linke Seite der Gleichung				Rechte Seite der Gleichung
	φ_1	φ_2	φ_3	φ_4	
(1)	ϱ_1	ξ_1		ξ_1'	$\mathfrak{M}_{1-2}$
(2)	ξ_1	ϱ_2	ξ_2		$\mathfrak{M}_{2-m} - \mathfrak{M}_{2-1}$
(3)		ξ_2	ϱ_3	ξ_3	$\mathfrak{M}_{3-m} - \mathfrak{M}_{3-4}$
(4)	ξ_1'		ξ_3	ϱ_4	$\mathfrak{M}_{4-3}$

Tabelle XVIII.

Gleichung	Linke Seite der Gleichung				Rechte Seite der Gleichung (Multiplikator: $\mathfrak{M}:\xi$)
	φ_1	φ_2	φ_3	φ_4	
(1)	16	3	0	2	3
(2)	3	22	2	0	0
(3)	0	2	16	3	0
(4)	2	0	3	10	3

Der Rechnungsverlauf durch das Iterationsverfahren ergibt sich aus Folgendem: Aus Gl. (1) in Tabelle XVIII erhält man:

$$16\,\varphi_1 + 3\,\varphi_2 + 2\,\varphi_4 = 3 \quad (\text{Multiplikator: } \mathfrak{M}:\xi)$$

oder

$$16\,\varphi_1' + 3\,\varphi_1' + 2\,\varphi_1' = 3\,\mathfrak{M}:\xi\,.$$

Hieraus ergibt sich:

$$\varphi_1' = 0{,}143\,\mathfrak{M}:\xi\,.$$

In analoger Weise hat man aus den Gln. (2), (3) und (4) in Tabelle XVIII:

$$\varphi_2' = \varphi_3' = 0\,, \qquad \varphi_4' = 0{,}2\,\mathfrak{M}:\xi\,.$$

Tabelle XIX.

		φ_1	φ_2	φ_3	φ_4
Näherungswert	φ'	0,143	0	0	0,200
	φ''	0,163	−0,0222	→	→
	φ'''	→	→	→	→

Multiplikator: $\mathfrak{M}:\xi$

Diese ersten Näherungswerte sind übersichtlich in Tabelle XIX angegeben. Sie werden alsdann in die Gleichungen eingesetzt.

Die erste Gleichung (1) in Tabelle XVIII lautet demgemäß:

$$16\,\varphi_1 + 3\,(0) + 2\,(0{,}200) = 3\,,$$

(Multiplikator: $\mathfrak{M}:\xi$)

welche, nach φ_1 aufgelöst, den zweiten genaueren Näherungswert $\varphi_1'' = 0{,}163\,\mathfrak{M}:\xi$ liefert. Der Wert wird in Tabelle XIX eingeschrieben.

Die Gleichung (2) in Tabelle XVIII ergibt mit diesem zweiten Näherungswert φ_1'' und anderen ersten Näherungswerten:

$$3\,(0{,}163) + 22\,\varphi_2 + 2\,(0) = 0\,,$$

(Multiplikator: $\mathfrak{M}:\xi$)

welche, nach φ_2 aufgelöst, den zweiten genaueren Näherungswert $\varphi_2'' = -\,0{,}0222\,\mathfrak{M}:\xi$ liefert. Der Wert φ_2'' wird in Tabelle XIX eingeschrieben.

Tabelle XX.

		φ_1	φ_2	φ_3	φ_4
Näherungswert	$\varphi^{(1)}$	0,143	0	0	0,200
	$\varphi^{(2)}$	0,163	−0,0222	−0,0348	0,278
	$\varphi^{(3)}$	0,157	−0,0182	−0,0498	0,284
	$\varphi^{(4)}$	0,155	−0,0166	−0,0512	0,284
	$\varphi^{(5)}$	0,1551	−0,0165	−0,0512	0,2844

Multiplikator: $\mathfrak{M}:\xi$

Tabelle XIX zeigt den Rechnungsverlauf bis zur Bestimmung von φ_2'', und die weitere Rechnung ist in Tabelle XX übersichtlich angegeben.

Die Richtigkeit dieser Rechnungsergebnisse kann durch die Gleichgewichtsbedingungen kontrolliert und ihre Genauigkeit durch die Zahl der Versuche beliebig erhöht werden. Nun sollen im nachstehenden die Knotenpunktsmomente ermittelt und die Richtigkeit dieses Verfahrens durch die Gleichgewichtsgleichungen kontrolliert werden. Entsprechend der Grundgleichung (I) erhält man mit den fünften Näherungswerten:

Am Knotenpunkt 1:

$$M_{1-2} = \xi\,\{2\,\varphi_1 + \varphi_2\} - \mathfrak{M} = \{2\,(0{,}1551) + (-\,0{,}0165) - 1\}\,\mathfrak{M} = -\,0{,}706\,\mathfrak{M}\,,$$

$$M_{1-4} = \frac{2\,\xi}{3}\,\{2\,\varphi_1 + \varphi_4\} = \frac{2}{3}\,\{2\,(0{,}1551) + (0{,}2844)\}\,\mathfrak{M} = 0{,}396\,\mathfrak{M}\,,$$

$$M_{1-\mathrm{I}} = \xi\,\{2\,\varphi_1\} = 2\,(0{,}1551)\,\mathfrak{M} = 0{,}310\,\mathfrak{M}\,.$$

Die Gleichgewichtsbedingung: $\varSigma M_1 = 0$ ist am Knotenpunkt 1 vollkommen erfüllt.

Für den Knotenpunkt 2 resultieren:

$$M_{2-1} = \xi\,\{2\,\varphi_2 + \varphi_1\} + \mathfrak{M} = \{2\,(-\,0{,}0165) + 0{,}1551 + 1\}\,\mathfrak{M} = 1{,}122\,\mathfrak{M}\,,$$

$$M_{2-m} = \xi\,\{2\,\varphi_2\} - \mathfrak{M} = \{2\,(-\,0{,}0165) - 1\}\,\mathfrak{M} = -\,1{,}033\,\mathfrak{M}\,,$$

$$M_{2-3} = \frac{2}{3}\,\xi\,\{2\,\varphi_2 + \varphi_3\} = \frac{2}{3}\,\{2\,(-\,0{,}0165) + (-\,0{,}0512)\} = -\,0{,}056\,\mathfrak{M}\,,$$

$$M_{2-\mathrm{II}} = \xi\,\{2\,\varphi_2\} = 2\,(-\,0{,}0165)\,\mathfrak{M} = -\,0{,}033\,\mathfrak{M}\,.$$

Die Gleichgewichtsbedingung: $\varSigma M_2 = 0$ ist am Knotenpunkt 2 vollkommen erfüllt.

Ganz in analoger Weise:
Am Knotenpunkt *3*:

$$M_{3-4} = \xi\,\{2\,\varphi_3 + \varphi_4\} + \mathfrak{M} = \{2\,(-0{,}0512) + 0{,}2844 + 1\}\,\mathfrak{M} = 1{,}182\,\mathfrak{M}\,,$$

$$M_{3-m} = \xi\,\{2\,\varphi_3\} - \mathfrak{M} = \{2\,(-0{,}0512) - 1\}\,\mathfrak{M} = -1{,}102\,\mathfrak{M}\,,$$

$$M_{3-2} = \frac{2}{3}\,\xi\,\{2\,\varphi_3 + \varphi_2\} = \frac{2}{3}\,\{2\,(-0{,}0512) + (-0{,}0165)\} = -0{,}079\,\mathfrak{M}\,.$$

Am Knotenpunkt *4*:

$$M_{4-3} = \xi\,\{2\,\varphi_4 + \varphi_3\} - \mathfrak{M} = \{2\,(0{,}2844) + (-0{,}0512) - 1\}\,\mathfrak{M} = -0{,}482\,\mathfrak{M}\,,$$

$$M_{4-1} = \frac{2}{3}\,\xi\,\{2\,\varphi_4 + \varphi_1\} = \frac{2}{3}\,\{2\,(0{,}2844) + 0{,}1551\}\,\mathfrak{M} = 0{,}482\,\mathfrak{M}\,.$$

Am Knotenpunkt *m*:

$$M_{m-2} = \xi\,\{\varphi_2\} + \mathfrak{M} = 0{,}983\,\mathfrak{M}\,.$$

$$M_{m-3} = \xi\,\{\varphi_3\} + \mathfrak{M} = 0{,}949\,\mathfrak{M}\,.$$

An der eingespannten Stelle:

$$M_{\mathrm{I}-1} = \xi\,\{\varphi_1\} = \qquad 0{,}155\,\mathfrak{M}\,,$$

$$M_{\mathrm{II}-2} = \xi\,\{\varphi_2\} = -0{,}017\,\mathfrak{M}\,.$$

In Abb. 63 sind die Knotenpunktsmomente sinngemäß eingetragen. Die Momente der Abbildung sind mit $\mathfrak{M}$ zu multiplizieren.

Am Knotenpunkt *1* ergeben sich M_{1-4} und $M_{1-\mathrm{I}}$ positiv, d. h. am herausgeschnittenen Stab drehen die Knotenpunktsmomente im Rechtssinne. M_{1-2} ist negativ, dreht also am Stab im entgegengesetzten Uhrzeigersinne.

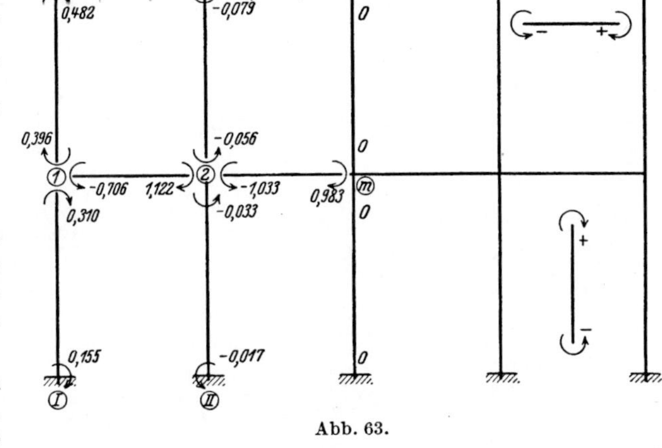

Abb. 63.

Für den Multiplikator $\mathfrak{M}$ erhält man aus Tabelle I b in bezug auf die in Abb. 64 dargestellte Belastung:

$$\mathfrak{M} = \frac{g\,l^2}{12}\,.$$

[s. Tabelle I b (5).]

Z. B. am Knotenpunkt *1*:

$$M_{1-2} = -0{,}706\left(\frac{g\,l^2}{12}\right) = -0{,}0588\,g\,l^2\,,$$

$$M_{\mathrm{I}-4} = \quad 0{,}396\left(\frac{g\,l^2}{12}\right) = \quad 0{,}0330\,g\,l^2\,,$$

$$M_{1-\mathrm{I}} = \quad 0{,}310\left(\frac{g\,l^2}{12}\right) = \quad 0{,}0258\,g\,l^2\,.$$

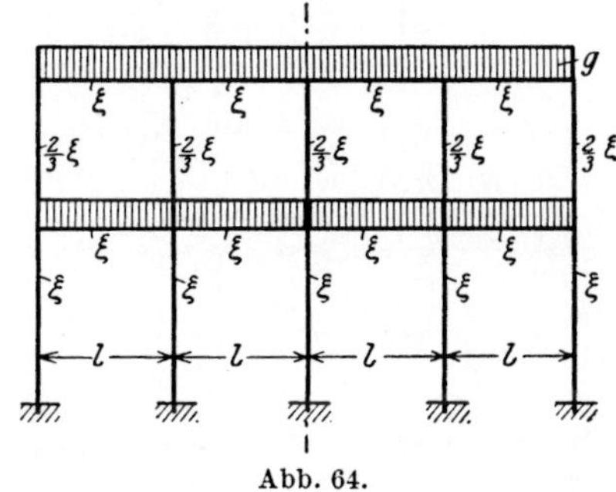

Abb. 64.

Am Knotenpunkt *2*:

$$M_{2-1} = \quad 1{,}122\left(\frac{g\,l^2}{12}\right) = \quad 0{,}0935\,g\,l^2\,,$$

$$M_{2-m} = -1{,}033\left(\frac{g\,l^2}{12}\right) = -0{,}0861\,g\,l^2\,,$$

$$M_{2-3} = -0{,}056\left(\frac{g\,l^2}{12}\right) = -0{,}0047\,g\,l^2\,,$$

$$M_{2-\mathrm{II}} = -0{,}033\left(\frac{g\,l^2}{12}\right) = -0{,}0027\,g\,l^2\,.$$

Am Knotenpunkt *3*:

$$M_{3-4} = \quad 1{,}182 \left(\frac{g\,l^2}{12}\right) = \quad 0{,}0985\,g\,l^2,$$

$$M_{3-m} = -\,1{,}102 \left(\frac{g\,l^2}{12}\right) = -\,0{,}0918\,g\,l^2,$$

$$M_{3-2} = -\,0{,}079 \left(\frac{g\,l^2}{12}\right) = -\,0{,}0066\,g\,l^2.$$

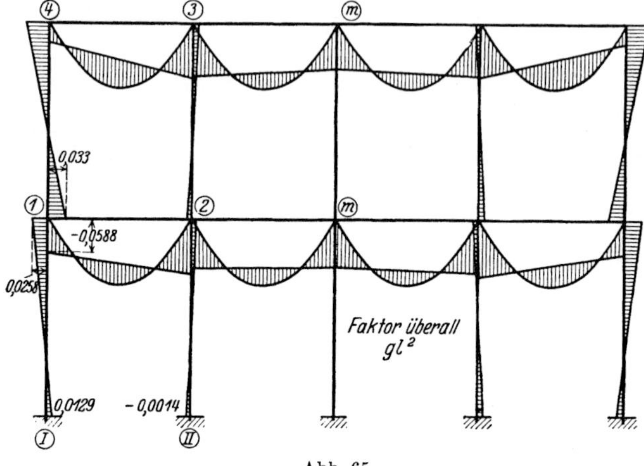

Abb. 65.

Am Knotenpunkt *4*:

$$M_{4-3} = -\,0{,}482 \left(\frac{g\,l^2}{12}\right) = -\,0{,}0402\,g\,l^2,$$

$$M_{4-1} = \quad 0{,}482 \left(\frac{g\,l^2}{12}\right) = \quad 0{,}0402\,g\,l^2.$$

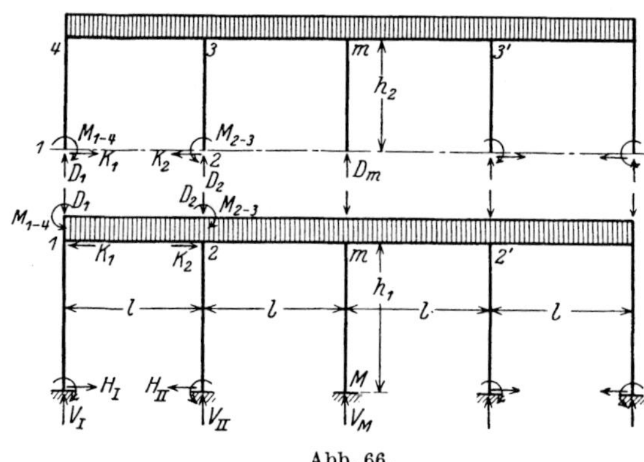

Abb. 66.

Am Knotenpunkte *m*:

$$M_{m-2} = \quad 0{,}983 \left(\frac{g\,l^2}{12}\right) = \quad 0{,}0819\,g\,l^2,$$

$$M_{m-3} = \quad 0{,}949 \left(\frac{g\,l^2}{12}\right) = \quad 0{,}0791\,g\,l^2.$$

An der eingespannten Stelle:

$$M_{\mathrm{I}-1} = \quad 0{,}155 \left(\frac{g\,l^2}{12}\right) = \quad 0{,}0129\,g\,l^2,$$

$$M_{\mathrm{II}-2} = -\,0{,}017 \left(\frac{g\,l^2}{12}\right) = -\,0{,}0014\,g\,l^2.$$

Mit diesen Werten sind in Abb. 65 die Biegungsmomente eingetragen.

Die vertikalen und waagerechten Stützenreaktionen werden durch die Knotenpunktsmomente folgendermaßen dargestellt.

Unmittelbar vor den Anschlußstellen der Ober- und Unterrahmen führen wir einen waagerechten Schnitt durch (Abb. 66) und ersetzen die auftretenden Spannkräfte durch drei an jedem Knotenpunkt angreifende Kraftgrößen *M*, *K*, *D*.

Durch diese Zerlegung erhalten wir zwei durchlaufende Rahmenträger.

Sowohl die virtuellen Stützenwiderstände *M*, *K*, *D* des Oberrahmens als die wirklichen Stützenreaktionen *M*, *H*, *V* des Unterrahmens müssen mit den zugehörigen Belastungen in Gleichgewicht sein.

Am Knotenpunkt *4*:

$$M_{1-4} - K_1 h_2 + M_{4-1} = 0$$

oder

$$0,0330\, g\, l^2 - K_1 h_2 + 0,0402\, g\, l^2 = 0.$$

Es folgt daraus:

$$K_1 = 0,0732\, \frac{g\, l^2}{h_2}.$$

Am Knotenpunkt *3*:

$$D_1 l + M_{1-4} - K_1 h_2 + M_{3-4} - \frac{g\, l^2}{2} = 0$$

oder

$$D_1 l + 0,0330\, g\, l^2 - 0,0732\, g\, l^2 + 0,0985\, g\, l^2 - 0,5\, g\, l^2 = 0.$$

Daraus folgt:

$$D_1 = 0,4417\, g\, l.$$

Am Knotenpunkt *3*:

$$K_2 h_2 - M_{2-3} + M_{3-2} = 0$$

oder

$$K_2 h_2 - 0,0047\, g\, l^2 - 0,0066\, g\, l^2 = 0.$$

Man erhält daraus:

$$K_2 = 0,0113\, \frac{g\, l^2}{h_2}.$$

Am Knotenpunkt *m*:

$$D_1(2\, l) + D_2 l - (K_1 - K_2) h_2 + M_{1-4} - M_{2-3} - 2\, g\, l^2 + M_{m-3} = 0$$

oder

$$0,4417\, g\, l\, (2\, l) + D_2 l - (0,0732 - 0,0113)\, g\, l^2 + 0,0330\, g\, l^2 - 0,0047\, g\, l^2 - 2\, g\, l^2$$
$$+ 0,0791\, g\, l^2 = 0.$$

Daraus wird:

$$D_2 = 1,0711\, g\, l.$$

Am Knotenpunkt *3′*:

$$D_1(3\, l) + D_2(2l) + D_m l - (K_1 - K_2) h_2 + M_{1-4} - M_{2-3} - 3\, g\, l\, (1,5\, l) + M_{3'm} = 0$$

oder

$$(0,4417\, g\, l)\, (3\, l) + 1,0711\, g\, l\, (2\, l) + D_m l - (0,0732 - 0,0113)\, g\, l^2 + 0,0330\, g\, l^2 - 0,0047\, g\, l^2$$
$$- 4,5\, g\, l^2 + 0,0918\, g\, l^2 = 0.$$

Man gewinnt folglich:

$$D_m = 0,9745\, g\, l.$$

Am Knotenpunkt *1*:

$$M_{\mathrm{I}-1} - H_{\mathrm{I}} h_1 + M_{1-\mathrm{I}} = 0$$

oder

$$0,0129\, g\, l^2 - H_{\mathrm{I}} h_1 + 0,0258\, g\, l^2 = 0.$$

Daraus hat man:

$$H_{\mathrm{I}} = 0,0387\, \frac{g\, l^2}{h_1}.$$

Am Knotenpunkt *2*:

$$H_{\mathrm{II}} h_1 - M_{\mathrm{II}-2} + M_{2-\mathrm{II}} = 0$$

oder

$$H_{\mathrm{II}} h_1 - 0,0014\, g\, l^2 - 0,0027\, g\, l^2 = 0.$$

Es folgt:

$$H_{\mathrm{II}} = 0,0041\, \frac{g\, l^2}{h_1}.$$

Zufolge der Symmetrie wird für den Ständer $M - m$

$$H_M = 0.$$

Am Knotenpunkt 2 (Abb. 66)

$$(V_\mathrm{I} - D_1)l - H_\mathrm{I} h_1 - \frac{g\,l^2}{2} + M_{\mathrm{I}-1} - M_{1-4} + M_{2-1} = 0$$

oder

$$(V_\mathrm{I} - 0{,}4417\,g\,l)l - 0{,}0387\,g\,l^2 - 0{,}5\,g\,l^2 + 0{,}0129\,g\,l^2 - 0{,}0330\,g\,l^2 + 0{,}0935\,g\,l^2 = 0.$$

Daraus wird:

$$V_\mathrm{I} = 0{,}9070\,g\,l.$$

Am Knotenpunkt m:

$$(V_\mathrm{I} - D_1)(2\,l) + (V_\mathrm{II} - D_2)l - 2\,g\,l^2 + M_{\mathrm{I}-1} - M_{\mathrm{II}-2} - (H_\mathrm{I} - H_\mathrm{II})h_1 - M_{1-4}$$
$$+ M_{2-3} + M_{m-2} = 0$$

oder

$$(0{,}9070 - 0{,}4417)(2\,g\,l^2) + (V_\mathrm{II} - 1{,}0711\,g\,l)\,l - 2\,g\,l^2 + 0{,}0129\,g\,l^2 - 0{,}0014\,g\,l^2$$
$$- (0{,}0387 - 0{,}0041)\,g\,l^2 - 0{,}0330\,g\,l^2 + 0{,}0047\,g\,l^2 + 0{,}0819\,g\,l^2 = 0.$$

Man erhält daraus:

$$V_\mathrm{II} = 2{,}1100\,g\,l.$$

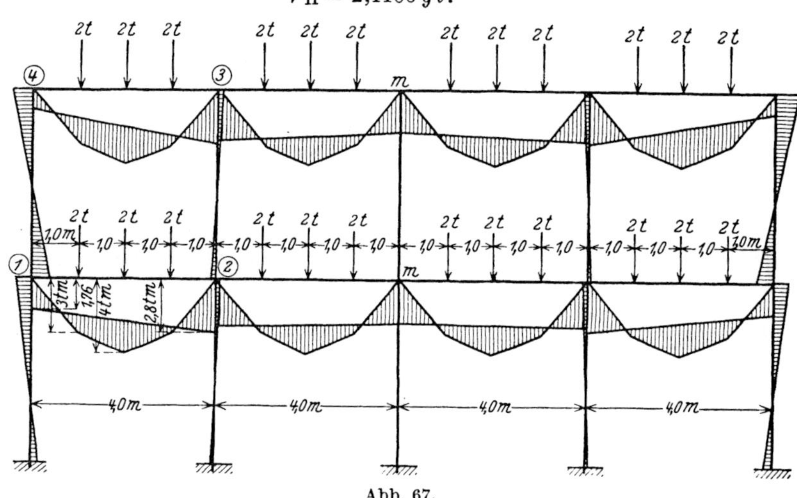

Abb. 67.

Am Knotenpunkt $2'$:

$$(V_\mathrm{I} - D_1)(3\,l) + (V_\mathrm{II} - D_2)(2\,l) + (V_M - D_m)l - 3\,g\,l\,(1{,}5\,l) - (H_\mathrm{I} - H_\mathrm{II})h_1$$
$$+ M_{\mathrm{I}-1} - M_{\mathrm{II}-2} - M_{1-4} + M_{2-3} + M_{2'm} = 0$$

oder

$$(0{,}9070 - 0{,}4417)(3\,g\,l^2) + (2{,}1100 - 1{,}0711)(2\,g\,l^2) + (V_M - 0{,}9745\,g\,l)\,l - 4{,}5\,g\,l^2$$
$$- (0{,}0387 - 0{,}0041)\,g\,l^2 + 0{,}0129\,g\,l^2 - 0{,}0014\,g\,l^2 - 0{,}0330\,g\,l^2 + 0{,}0047\,g\,l^2$$
$$+ 0{,}0861\,g\,l^2 = 0.$$

Daraus wird:

$$V_M = 1{,}9661\,g\,l.$$

In bezug auf die in Abb. 67 dargestellte Belastung ergibt sich:

$$\mathfrak{M} = \frac{5}{16}\,P\,l = \frac{5}{16}\,(2)\,(4) = 2{,}5\;\mathrm{t\cdot m}.$$

Als Knotenmomente ergeben sich:
Am Knotenpunkt 1:

$$M_{1-2} = -\,0{,}706\,(2{,}5) = -\,1{,}76\;\mathrm{t\cdot m},$$
$$M_{1-4} = \,0{,}396\,(2{,}5) = \,0{,}99\;\mathrm{t\cdot m},$$
$$M_{1-1} = \,0{,}310\,(2{,}5) = \,0{,}77\;\mathrm{t\cdot m}.$$

Am Knotenpunkt *2*:

$$M_{2-1} = 1{,}122\ (2{,}5) = 2{,}80\ \text{t}\cdot\text{m},$$
$$M_{2-m} = -\ 1{,}033\ (2{,}5) = -\ 2{,}58\ \text{t}\cdot\text{m},$$
$$M_{2-3} = -\ 0{,}056\ (2{,}5) = -\ 0{,}14\ \text{t}\cdot\text{m},$$
$$M_{\mathrm{II}-2} = -\ 0{,}033\ (2{,}5) = -\ 0{,}08\ \text{t}\cdot\text{m}.$$

Am Knotenpunkt *3*:

$$M_{3-4} = 1{,}182\ (2{,}5) = 2{,}95\ \text{t}\cdot\text{m},$$
$$M_{3-m} = -\ 1{,}102\ (2{,}5) = -\ 2{,}75\ \text{t}\cdot\text{m},$$
$$M_{3-2} = -\ 0{,}079\ (2{,}5) = -\ 0{,}20\ \text{t}\cdot\text{m}.$$

Am Knotenpunkt *4*:

$$M_{4-3} = -\ 0{,}482\ (2{,}5) = -\ 1{,}21\ \text{t}\cdot\text{m},$$
$$M_{4-1} = 0{,}482\ (2{,}5) = 1{,}21\ \text{t}\cdot\text{m}.$$

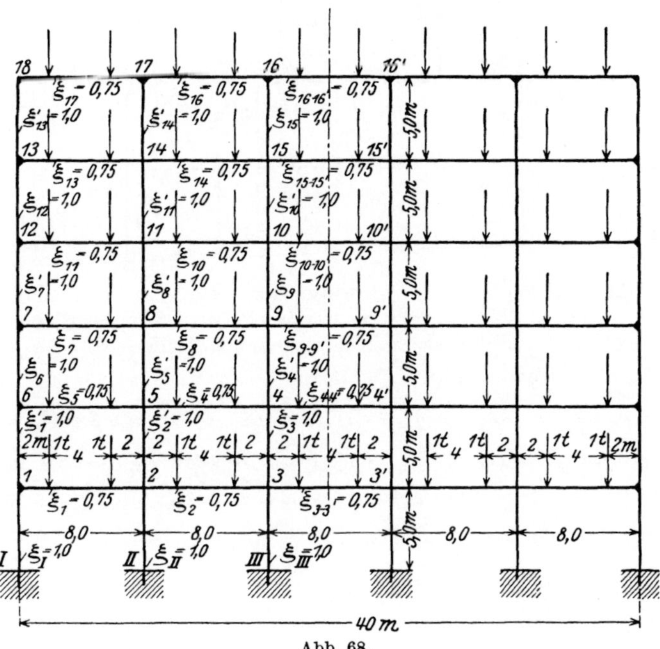

Abb. 68.

Am Knotenpunkt *m*:

$$M_{m-2} = 0{,}983\ (2{,}5) = 2{,}46\ \text{t}\cdot\text{m},$$
$$M_{m-3} = 0{,}949\ (2{,}5) = 2{,}37\ \text{t}\cdot\text{m}.$$

An den Ständerfüßen

$$M_{\mathrm{I}-1} = 0{,}155\ (2{,}5) = 0{,}39\ \text{t}\cdot\text{m},$$
$$M_{\mathrm{II}-2} = -\ 0{,}017\ (2{,}5) = -\ 0{,}04\ \text{t}\cdot\text{m}.$$

In Abb. 67 sind die Biegungsmomente eingetragen.

Beispiel II. Fünffeldiger, sechsgeschossiger, symmetrischer Rechteckrahmen mit sechs eingespannten Ständern. Der in Abb. 68 dargestellte Rahmen hat fünf gleiche Felder mit gleich beschaffenen Ständern und Riegeln. Gesucht sind die durch die in der Abbildung dargestellte Belastung erzeugten Biegungsmomente.

Entsprechend der Gl. (VIc) und zufolge dem Grundfall von Tabelle V liefert das Verfahren der Gleichungstabulierung die folgende Tabelle, die die Koeffizienten- und Festwerteanordnung der Bestimmungsgleichungen zeigt.

Tabelle XXI.

Gleichung	Linke Seite der Gleichung																		Rechte Seite der Gleichung
	φ_1	φ_2	φ_3	φ_4	φ_5	φ_6	φ_7	φ_8	φ_9	φ_{10}	φ_{11}	φ_{12}	φ_{13}	φ_{14}	φ_{15}	φ_{16}	φ_{17}	φ_{18}	
(1)	ϱ_1	ξ_1				ξ'_1													$\mathfrak{M}_{1.2}$
(2)	ξ_1	ϱ_2	ξ_2		ξ'_2														$\mathfrak{M}_{2.3} - \mathfrak{M}_{2.1}$
(3)		ξ_2	(ϱ_3)	ξ_3															$\mathfrak{M}_{3.3'} - \mathfrak{M}_{3.2}$
(4)			ξ_3	(ϱ_4)	ξ_4				ξ'_4										$\mathfrak{M}_{4.4'} - \mathfrak{M}_{4.5}$
(5)		ξ'_2		ξ_4	ϱ_5	ξ_5		ξ'_5											$\mathfrak{M}_{5.4} - \mathfrak{M}_{5.6}$
(6)	ξ'_1				ξ_5	ϱ_6	ξ_6												$\mathfrak{M}_{6.5}$
(7)						ξ_6	ϱ_7	ξ_7				ξ'_7							$\mathfrak{M}_{7.8}$
(8)					ξ'_5		ξ_7	ϱ_8	ξ_8		ξ'_8								$\mathfrak{M}_{8.9} - \mathfrak{M}_{8.7}$
(9)				ξ'_4				ξ_8	(ϱ_9)	ξ_9									$\mathfrak{M}_{9.9'} - \mathfrak{M}_{9.8}$
(10)									ξ_9	(ϱ_{10})	ξ_{10}				ξ'_{10}				$\mathfrak{M}_{10.10'} - \mathfrak{M}_{10.11}$
(11)								ξ'_8		ξ_{10}	ϱ_{11}	ξ_{11}		ξ'_{11}					$\mathfrak{M}_{11.10} - \mathfrak{M}_{11.12}$
(12)							ξ'_7				ξ_{11}	ϱ_{12}	ξ_{12}						$\mathfrak{M}_{12.11}$
(13)												ξ_{12}	ϱ_{13}	ξ_{13}				ξ'_{13}	$\mathfrak{M}_{13.14}$
(14)											ξ'_{11}		ξ_{13}	ϱ_{14}	ξ_{14}		ξ'_{14}		$\mathfrak{M}_{14.15} - \mathfrak{M}_{14.13}$
(15)										ξ'_{10}				ξ_{14}	(ϱ_{15})	ξ_{15}			$\mathfrak{M}_{15.15'} - \mathfrak{M}_{15.14}$
(16)															ξ_{15}	(ϱ_{16})	ξ_{16}		$\mathfrak{M}_{16.16'} - \mathfrak{M}_{16.17}$
(17)														ξ'_{14}		ξ_{16}	ϱ_{17}	ξ_{17}	$\mathfrak{M}_{17.16} - \mathfrak{M}_{17.18}$
(18)													ξ'_{13}				ξ_{17}	ϱ_{18}	$\mathfrak{M}_{18.17}$

Wie früher dargelegt, rechnen wir zuerst die Stabwerte h, l, J für alle Stäbe und dann die Festwerte ξ, ϱ, $\mathfrak{M}$ für alle Stäbe und Knotenpunkte sowie für die gegebenen Belastungen aus. Die in Abb. 68 an die Stäbe gesetzten Zahlen geben die Festwerte ξ.

Hieraus folgen die Festwerte ϱ:

$$\varrho_1 = \varrho_6 = \varrho_7 = \varrho_{12} = \varrho_{13} = 2\{1{,}0 + 0{,}75 + 1{,}0\} = 5{,}5 \text{ cm}^3,$$

$$\varrho_2 = \varrho_5 = \varrho_8 = \varrho_{11} = \varrho_{14} = 2\{1{,}0 + 0{,}75 + 1{,}0 + 0{,}75\} = 7{,}0 \text{ cm}^3,$$

$$(\varrho_3) = (\varrho_4) = (\varrho_9) = (\varrho_{10}) = (\varrho_{15}) = 2\{1{,}0 + 0{,}75 + 1{,}0 + 0{,}75\} - 0{,}75 = 6{,}25 \text{ cm}^3,$$

$$(\varrho_{16}) = 2\{1{,}0 + 0{,}75 + 0{,}75\} - 0{,}75 = 4{,}25 \text{ cm}^3,$$

$$\varrho_{17} = 2\{0{,}75 + 1{,}0 + 0{,}75\} = 5{,}0 \text{ cm}^3,$$

$$\varrho_{18} = 2\{0{,}75 + 1{,}0\} = 3{,}5 \text{ cm}^3.$$

Für die Festwerte $\mathfrak{M}$ erhält man aus Tabelle I b (2) in bezug auf die gegebenen Belastungen:

$$\mathfrak{M} = \frac{Pa(l-a)}{l} = \frac{1{,}0\,(2)\,(8-2)}{8} = 150 \text{ t} \cdot \text{cm}.$$

Setzt man die vorliegenden Festwerte in Tabelle XXI ein, so erhält man Tabelle XXII.

Aus Tabelle XXII kann man die achtzehn Unbekannten φ_1 bis φ_{18} durch das Iterationsverfahren bestimmen:

Aus Gl. (1) in Tabelle XXII erählt man:

$$5{,}5\,\varphi_1 + 0{,}75\,\varphi_2 + \varphi_6 = 150$$

oder

$$5{,}5\,\varphi'_1 + 0{,}75\,\varphi'_1 + \varphi'_1 = 150.$$

Hieraus ergibt sich:

$$\varphi'_1 = 20{,}7 \text{ t/cm}^2.$$

In analoger Weise hat man aus Gln. (2), (3), (4) und (5) in Tabelle XXII

$$\varphi'_2 = \varphi'_3 = \varphi'_4 = \varphi'_5 = 0$$

Tabelle XXII.

Spanning header: φ_1–φ_{18} form the group **Linke Seite der Gleichung**; the last column is **Rechte Seite der Gleichung**.

Gleichung	φ_1	φ_2	φ_3	φ_4	φ_5	φ_6	φ_7	φ_8	φ_9	φ_{10}	φ_{11}	φ_{12}	φ_{13}	φ_{14}	φ_{15}	φ_{16}	φ_{17}	φ_{18}	Rechte Seite der Gleichung
(1)	5,5	0,75				1,0													150
(2)	0,75	7,0	0,75		1,0														0
(3)		0,75	6,25	1,0															0
(4)			1,0	6,25	0,75				1,0										0
(5)		1,0		0,75	7,0	0,75		1,0											0
(6)	1,0				0,75	5,5	1,0												150
(7)						1,0	5,5	0,75				1,0							150
(8)					1,0		0,75	7,0	0,75		1,0								0
(9)				1,0				0,75	6,25	1,0									0
(10)									1,0	6,25	0,75				1,0				0
(11)								1,0		0,75	7,0	0,75		1,0					0
(12)							1,0				0,75	5,5	1,0						150
(13)												1,0	5,5	0,75				1,0	150
(14)											1,0		0,75	7,0	0,75		1,0		0
(15)										1,0				0,75	6,25	1,0			0
(16)															1,0	4,25	0,75		0
(17)														1,0		0,75	5,0	0,75	0
(18)													1,0				0,75	3,5	150

Tabelle XXIII.

	φ_1	φ_2	φ_3	φ_4	φ_5	φ_6	φ_7	φ_8	φ_9	φ_{10}	φ_{11}	φ_{12}	φ_{13}	φ_{14}	φ_{15}	φ_{16}	φ_{17}	φ_{18}
Erster Näherungswert .	20,7	0	0	0	0	18,2	18,2	0	0	0	0	18,2	18,2	0	0	0	0	28,6
Zweiter Näherungswert .	24,0	− 2,57	0,309	− 0,05	− 1,58	19,8	20,4	− 1,96	0,24	− 0,038	− 1,67	20,5	18,3	− 1,72	0,20	− 0,047	− 3,94	38,6
Dritter Näherungswert .	24,0	− 2,38	0,293	0,105	− 1,51	19,4	20,3	− 1,74	0,198	0,137	− 1,72	20,5	16,74	− 1,00	0,105	0,67	− 5,69	39,4
Vierter Näherungswert .	24,1	− 2,40	0,271	0,106	− 1,50	19,4	20,25	− 1,73	0,168	0,163	− 1,83	20,8	16,5	− 0,705	− 0,05	1,02	− 5,92	39,4
Fünfter Näherungswert .	24,1	− 2,40	0,271	0,110	− 1,50	19,4	20,2	− 1,72	0,161	0,202	− 1,91	20,9	16,4	− 0,634	− 0,12	1,07	− 5,95	39,5
Sechster Näherungswert .	24,1	− 2,40	0,271	0,111	− 1,50	19,4	20,2	− 1,69	0,150	0,224	− 1,94	20,9	16,4	− 0,616	− 0,133	1,08	− 6,0	39,5

und aus Gl. (6):

$$\varphi_1 + 0.75\,\varphi_5 + 5.5\,\varphi_6 + \varphi_7 = 150$$

oder auch

$$\varphi_6' + 0.75\,\varphi_6' + 5.5\,\varphi_6' + \varphi_6' = 150.$$

Daraus folgt:

$$\varphi_6' = 18.2 \ \text{t/cm}^2\,.$$

Ganz gleichartig erhält man aus den übrigen Gleichungen in Tabelle XXII:

$$\varphi_7' \ = 18.2 \ \text{t/cm}^2\,, \qquad \varphi_8' = \varphi_9' = \varphi_{10}' = \varphi_{11}' = 0\,,$$
$$\varphi_{12}' = \varphi_{13}' = 18.2 \ \text{t/cm}^2\,, \qquad \varphi_{14}' = \varphi_{15}' = \varphi_{16}' = \varphi_{17}' = 0\,,$$
$$\varphi_{18}' = 28.6 \ \text{t/cm}^2\,.$$

Diese ersten Näherungswerte sind übersichtlich in Tabelle XXIII angegeben.

Sie werden in die Gleichungen eingesetzt. Die erste Gleichung (1) in Tabelle XXII lautet dann:

$$5.5\,\varphi_1 + 0.75\,(0) + 18.2 = 150\,,$$

welche, nach φ_1 aufgelöst, den zweiten genaueren Näherungswert $\varphi_1'' = 24.0$ liefert.

Die zweite Gleichung (2) in Tabelle XXII, mit diesem zweiten Näherungswert φ_1'' und anderen ersten Näherungswerte, ergibt:

$$0.75\,(24.0) + 7.0\,\varphi_2 + 0.75\,(0) = 0$$

welche, nach φ_2 aufgelöst, den zweiten genaueren Näherungswert $\varphi_2'' = -2.57$ liefert.

Die dritte Gleichung (3), mit φ_2'' und anderen φ', lautet:

$$0.75\,(-2.57) + 6.25\,\varphi_3 = 0$$

mit der Lösung

$$\varphi_3'' = 0.309\,.$$

Gleichartig liefern die weiteren Rechnungen mit dem Rechenschieber die zweiten Näherungswerte:

$$\varphi_4'' = -0.05\,, \qquad \varphi_5'' = -1.58\,, \qquad \varphi_6'' = 19.8\,, \qquad \varphi_7'' = 20.4\,,$$
$$\varphi_8'' = -1.96\,, \qquad \varphi_9'' = 0.24\,, \qquad \varphi_{10}'' = -0.038\,, \qquad \varphi_{11}'' = -1.67\,,$$
$$\varphi_{12}'' = 20.5\,, \qquad \varphi_{13}'' = 18.3\,, \qquad \varphi_{14}'' = -1.72\,, \qquad \varphi_{15}'' = 0.20\,,$$
$$\varphi_{16}'' = -0.047\,, \qquad \varphi_{17}'' = -3.94\,, \qquad \varphi_{18}'' = 38.6\,.$$

Dieses Iterationsverfahren läßt die Rechnung von den ersten gröberen Werten durch derartige Fortführung rascher zu genaueren Werten vorwärts schreiten. Nach meinen Erfahrungen sind die Unbekannten für die vorliegende Aufgabe mit dem gewöhnlichen Eliminationsverfahren erst nach langwieriger, ermüdender, etwa drei Wochen dauernder Anstrengung zu berechnen, während unser Iterationsverfahren schon in der verhältnismäßig kurzen Zeit von sieben Stunden die mathematisch genauen Werte lieferte.

In Tabelle XXIII sind die ersten bis fünften Näherungswerte übersichtlich angegeben.

Die Richtigkeit dieser Rechnungsergebnisse kann durch die Gleichgewichtsbedingungen kontrolliert und ihre Genauigkeit durch Versuche beliebig erhöht werden.

Entsprechend der Grundgleichung (I) und mit den sechsten Näherungswerten erhält man:

Am Knotenpunkt 1:

$$M_{1-2} = \xi_1\{2\,\varphi_1 + \varphi_2\} - \mathfrak{M}_{1-2} = 0.75\{2\,(24.1) - 2.40\} - 150 = -115.7 \ \text{t·cm}\,,$$
$$M_{1-6} = \xi_1'\{2\,\varphi_1 + \varphi_6\} = 1.0\{2\,(24.1) + 19.4\} = 67.6 \ \text{t·cm}\,,$$
$$M_{1-\mathrm{I}} = \xi_{\mathrm{I}}\{2\,\varphi_1\} = 1.0\cdot2\cdot24.1 = 48.2 \ \text{t·cm}\,.$$

Am Knotenpunkt 2:

$$M_{2-1} = \xi_1\{2\,\varphi_2 + \varphi_1\} + \mathfrak{M}_{2-1} = 0.75\{2\,(-2.40) + 24.1\} + 150 = 164.5 \ \text{t·cm}\,,$$
$$M_{2-3} = \xi_2\{2\,\varphi_2 + \varphi_3\} - \mathfrak{M}_{2-3} = 0.75\{2\,(-2.40) + 0.271\} - 150 = -153.4 \ \text{t·cm}\,.$$
$$M_{2-5} = \xi_2'\{2\,\varphi_2 + \varphi_5\} = 1.0\{2\,(-2.40) - 1.50\} = -6.3 \ \text{t·cm}\,,$$
$$M_{2-\mathrm{II}} = \xi_{\mathrm{II}}\{2\,\varphi_2\} = 1.0\cdot2\,(-2.40) = -4.8 \ \text{t·cm}\,.$$

Ganz in analoger Weise:

Am Knotenpunkt *3*:

$$M_{3-3'} = -149,8 \text{ t} \cdot \text{cm}, \qquad M_{3-2} = 148,6 \text{ t} \cdot \text{cm},$$
$$M_{3-4} = 0,7 \text{ t} \cdot \text{cm}, \qquad M_{3-\text{III}} = 0,5 \text{ t} \cdot \text{cm}.$$

Am Knotenpunkt *4*:

$$M_{4-4'} = -149,9 \text{ t} \cdot \text{cm}, \qquad M_{4-5} = 149,0 \text{ t} \cdot \text{cm},$$
$$M_{4-9} = 0,4 \text{ t} \cdot \text{cm}, \qquad M_{4-3} = 0,5 \text{ t} \cdot \text{cm}.$$

Am Knotenpunkt *5*:

$$M_{5-4} = -152,2 \text{ t} \cdot \text{cm}, \qquad M_{5-6} = 162,3 \text{ t} \cdot \text{cm},$$
$$M_{5-8} = -4,7 \text{ t} \cdot \text{cm}, \qquad M_{5-2} = -5,4 \text{ t} \cdot \text{cm}.$$

Am Knotenpunkt *6*:

$$M_{6-5} = -122,0 \text{ t} \cdot \text{cm}, \qquad M_{6-7} = 59,0 \text{ t} \cdot \text{cm},$$
$$M_{6-1} = 62,9 \text{ t} \cdot \text{cm}.$$

Am Knotenpunkt *7*:

$$M_{7-8} = -121,0 \text{ t} \cdot \text{cm}, \qquad M_{7-12} = 61,3 \text{ t} \cdot \text{cm},$$
$$M_{7-6} = 59,8 \text{ t} \cdot \text{cm}.$$

Am Knotenpunkt *8*:

$$M_{8-9} = -152,4 \text{ t} \cdot \text{cm}, \qquad M_{8-7} = 162,6 \text{ t} \cdot \text{cm},$$
$$M_{8-11} = -5,3 \text{ t} \cdot \text{cm}, \qquad M_{8-5} = -4,9 \text{ t} \cdot \text{cm}.$$

Am Knotenpunkt *9*:

$$M_{9-9'} = -149,9 \text{ t} \cdot \text{cm}, \qquad M_{9-8} = 149,0 \text{ t} \cdot \text{cm},$$
$$M_{9-10} = 0,5 \text{ t} \cdot \text{cm}, \qquad M_{9-4} = 0,4 \text{ t} \cdot \text{cm}.$$

Am Knotenpunkt *10*:

$$M_{10-10'} = -149,8 \text{ t} \cdot \text{cm}, \qquad M_{10-11} = 148,9 \text{ t} \cdot \text{cm},$$
$$M_{10-15} = 0,3 \text{ t} \cdot \text{cm}, \qquad M_{10-9} = 0,6 \text{ t} \cdot \text{cm}.$$

Am Knotenpunkt *11*:

$$M_{11-10} = -152,7 \text{ t} \cdot \text{cm}, \qquad M_{11-12} = 162,8 \text{ t} \cdot \text{cm},$$
$$M_{11-14} = -4,5 \text{ t} \cdot \text{cm}, \qquad M_{11-8} = -5,6 \text{ t} \cdot \text{cm}.$$

Am Knotenpunkt *12*:

$$M_{12-11} = -120,1 \text{ t} \cdot \text{cm}, \qquad M_{12-13} = 58,2 \text{ t} \cdot \text{cm},$$
$$M_{12-7} = 62,0 \text{ t} \cdot \text{cm}.$$

Am Knotenpunkt *13*:

$$M_{13-14} = -125,9 \text{ t} \cdot \text{cm}, \qquad M_{13-18} = 72,3 \text{ t} \cdot \text{cm},$$
$$M_{13-12} = 53,7 \text{ t} \cdot \text{cm}.$$

Am Knotenpunkt *14*:

$$M_{14-15} = -151,0 \text{ t} \cdot \text{cm}, \qquad M_{14-13} = 161,4 \text{ t} \cdot \text{cm},$$
$$M_{14-17} = -7,2 \text{ t} \cdot \text{cm}, \qquad M_{14-11} = -3,2 \text{ t} \cdot \text{cm}.$$

Am Knotenpunkt *15*:

$$M_{15-15'} = -150,10 \text{ t} \cdot \text{cm}, \qquad M_{15-14} = 149,34 \text{ t} \cdot \text{cm},$$
$$M_{15-16} = 0,81 \text{ t} \cdot \text{cm}, \qquad M_{15-10} = -0,04 \text{ t} \cdot \text{cm}.$$

Am Knotenpunkt *16*:

$$M_{16-16'} = -149,2 \text{ t} \cdot \text{cm}, \qquad M_{16-17} = 147,1 \text{ t} \cdot \text{cm},$$
$$M_{16-15} = 2,0 \text{ t} \cdot \text{cm}.$$

Am Knotenpunkt *17*:

$$M_{17-16} = -158 \text{ t·cm}, \qquad M_{17-18} = 171 \text{ t·cm},$$

$$M_{17-14} = -13 \text{ t·cm}.$$

Am Knotenpunkt *18*:

$$M_{18-17} = -95 \text{ t·cm}, \qquad M_{18-13} = 95 \text{ t·cm}.$$

An der eingespannten Stelle:

$$M_{\text{I}-1} = 24{,}1 \text{ t·cm}, \qquad M_{\text{II}-2} = -2{,}4 \text{ t·cm},$$

$$M_{\text{III}-3} = 0{,}27 \text{ t·cm}.$$

In Abb. 69 sind die Knotenpunktsmomente sinngemäß eingetragen.

Die Gleichgewichtsgleichungen $\Sigma M_r = 0$ sind in den einzelnen Knoten bis auf geringfügige Abweichungen erfüllt.

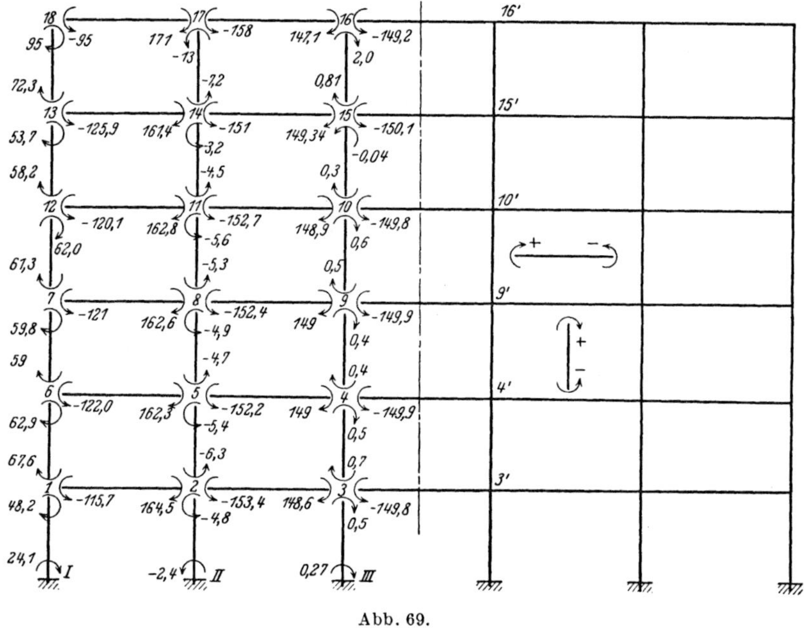

Abb. 69.

Mit diesen Werten der Knotenpunktsmomente ist in Abb. 70 die Biegungsmomenteverteilung eingetragen.

Beispiel III. Fünffeldiger, sechsgeschossiger, symmetrischer Rechteckrahmen mit sechs Gelenkständern. Gesucht sind die Knotenpunktsmomente bei dem in Abb. 71 dargestellten Gelenkrahmen. Zufolge dem Grundfall von Tabelle V und entsprechend der Gl. (XI) liefert das Verfahren der Gleichungstabulierung die nachstehende Tabelle, welche die achtzehn Unbekannten finden läßt (Tabelle XXIV).

In dem in Abb. 71 dargestellten Gelenkrahmen seien die Stabwerte h, l, J für alle Stäbe ganz dieselben wie im Rahmen von Abb. 68; außerdem aber soll der Rahmen in diesem Fall Gelenkfüße statt der eingespannten Ständer haben. Man schreibt hierbei an den Knotenpunkten der Gelenkstäbeköpfe ϱ' statt ϱ; d. h.

$$\varrho_1' = \varrho_1 - 0{,}5\,\xi_{\text{I}} = 2(1{,}0 + 0{,}75 + 1{,}0) - 0{,}5\,(1{,}0) = 5{,}0 \text{ cm}^3,$$

$$\varrho_2' = \varrho_2 - 0{,}5\,\xi_{\text{II}} = 2(1{,}0 + 0{,}75 + 1{,}0 + 0{,}75) - 0{,}5\,(1{,}0) = 6{,}5 \text{ cm}^3,$$

$$(\varrho_3') = (\varrho_3) - 0{,}5\,\xi_{\text{III}} = 2(1{,}0 + 0{,}75 + 1{,}0 + 0{,}75) - 0{,}75 - 0{,}5\,(1{,}0) = 5{,}75 \text{ cm}^3.$$

Setzt man diese Werte von ϱ'_1 bis (ϱ'_3) und die Werte von ϱ und ξ in Beispiel II in Tabelle XXIV ein, so erhält man Tabelle XXV.

Zur Bestimmung der Unbekannten φ aus der Tabelle XXV ist es praktisch, die nachstehenden Werte

$$\varphi_1 = 26{,}5,$$
$$\varphi_2 = -\,2{,}8,$$
$$\varphi_3 = 0{,}45,$$
$$\varphi_4 = 0{,}111,$$
$$\varphi_5 = -\,1{,}50,$$
$$\varphi_6 = 19{,}4,$$
$$\varphi_7 = 20{,}2,$$
$$\varphi_8 = -\,1{,}69,$$
$$\varphi_9 = 0{,}15,$$
$$\varphi_{10} = 0{,}224,$$
$$\varphi_{11} = -\,1{,}94,$$
$$\varphi_{12} = 20{,}9,$$
$$\varphi_{13} = 16{,}4,$$
$$\varphi_{14} = -\,0{,}616,$$
$$\varphi_{15} = -\,0{,}133,$$
$$\varphi_{16} = 1{,}08,$$
$$\varphi_{17} = -\,6{,}0,$$
$$\varphi_{18} = 39{,}5$$

als die ersten Näherungswerte der Unbekannten unter Berücksichtigung der Endwerte von Beispiel II anzunehmen, bei dem ein gleichartiger Rahmen mit sechs eingespannten Ständern berechnet ist.

Diese ersten Näherungswerte werden in die Gleichungen von Tabelle XXV eingesetzt.

Die erste Gleichung (1) lautet dann:

$$5{,}0\,\varphi_1 + 0{,}75\,(-\,2{,}8) + 19{,}4 = 150,$$

sie liefert, nach φ_1 aufgelöst, den zweiten genaueren

Tabelle XXIV.

Gleichung									Linke Seite der Gleichung										Rechte Seite der Gleichung
	φ_1	φ_2	φ_3	φ_4	φ_5	φ_6	φ_7	φ_8	φ_9	φ_{10}	φ_{11}	φ_{12}	φ_{13}	φ_{14}	φ_{15}	φ_{16}	φ_{17}	φ_{18}	
(1)	ϱ'_1	ξ_1				ξ'_1													$\mathfrak{M}_{12}$
(2)	ξ_1	ϱ'_2	ξ_2		ξ'_2														$\mathfrak{M}_{23} \;-\mathfrak{M}_{21}$
(3)		ξ_2	(ϱ'_3)	ξ_3															$\mathfrak{M}_{33}{}' \;-\mathfrak{M}_{32}$
(4)			ξ_3	(ϱ_4)	ξ_4				ξ'_4										$\mathfrak{M}_{44}{}' \;-\mathfrak{M}_{45}$
(5)		ξ'_2		ξ_4	ϱ_5	ξ_5		ξ'_5											$\mathfrak{M}_{54} \;-\mathfrak{M}_{56}$
(6)	ξ'_1				ξ_5	ϱ_6	ξ_6												$\mathfrak{M}_{65}$
(7)						ξ_6	ϱ_7	ξ_7				ξ'_7							$\mathfrak{M}_{78}$
(8)					ξ'_5		ξ_7	ϱ_8	ξ_8		ξ'_8								$\mathfrak{M}_{89} \;-\mathfrak{M}_{87}$
(9)				ξ'_4				ξ_8	(ϱ_9)	ξ_9									$\mathfrak{M}_{99}{}' \;-\mathfrak{M}_{98}$
(10)									ξ_9	(ϱ_{10})	ξ_{10}				ϱ'_{10}				$\mathfrak{M}_{10\text{-}10}{}' -\mathfrak{M}_{10\text{-}11}$
(11)								ξ'_8		ξ_{10}	ϱ_{11}	ξ_{11}		ξ'_{11}					$\mathfrak{M}_{11\text{-}10} -\mathfrak{M}_{11\text{-}12}$
(12)							ξ'_7				ξ_{11}	ϱ_{12}	ξ_{12}						$\mathfrak{M}_{12\text{-}11}$
(13)												ξ_{12}	ϱ_{13}	ξ_{13}				ξ'_{13}	$\mathfrak{M}_{13\text{-}14}$
(14)											ξ'_{11}		ξ_{13}	ϱ_{14}	ξ_{14}		ξ'_{14}		$\mathfrak{M}_{14\text{-}15} -\mathfrak{M}_{14\text{-}13}$
(15)										ξ'_{10}				ξ_{14}	(ϱ_{15})	ξ_{15}			$\mathfrak{M}_{15\text{-}15}{}' -\mathfrak{M}_{15\text{-}14}$
(16)															ξ_{15}	(ϱ_{16})	ξ_{16}		$\mathfrak{M}_{16\text{-}16}{}' -\mathfrak{M}_{16\text{-}17}$
(17)														ξ'_{14}		ξ_{16}	ϱ_{17}	ξ_{17}	$\mathfrak{M}_{17\text{-}16} -\mathfrak{M}_{17\text{-}18}$
(18)													ξ'_{13}				ξ_{17}	ϱ_{18}	$\mathfrak{M}_{18\text{-}17}$

Tabelle XXV.

Linke Seite der Gleichung — Rechte Seite der Gleichung

Gleichung	φ_1	φ_2	φ_3	φ_4	φ_5	φ_6	φ_7	φ_8	φ_9	φ_{10}	φ_{11}	φ_{12}	φ_{13}	φ_{14}	φ_{15}	φ_{16}	φ_{17}	φ_1	Rechte Seite der Gleichung
(1)	5,0	0,75				1,0													150
(2)	0,75	6,5	0,75		1,0														0
(3)		0,75	5,75	1,0															0
(4)			1,0	6,25	0,75				1,0										0
(5)		1,0		0,75	7,0	0,75		1,0											0
(6)	1,0				0,75	5,5	1,0												150
(7)						1,0	5,5	0,75				1,0							150
(8)					1,0		0,75	7,0	0,75		1,0								0
(9)				1,0				0,75	6,25	1,0									0
(10)									1,0	6,25	0,75				1,0				0
(11)								1,0		0,75	7,0	0,75		1,0					0
(12)							1,0				0,75	5,5	1,0						150
(13)												1,0	5,5	0,75				1,0	150
(14)											1,0		0,75	7,0	0,75		1,0		0
(15)										1,0				0,75	6,25	1,0			0
(16)															1,0	4,25	0,75		0
(17)														1,0		0,75	5,0	0,75	0
(18)													1,0				0,75	3,5	150

Näherungswert:

$$\varphi_1'' = 26,54.$$

Die zweite Gleichung (2), mit diesem zweiten Näherungswert φ_1'' und den anderen ersten Näherungswerten, lautet:

$$0,75\,(26,54) + 6,5\,\varphi_2 + 0,75\,(0,45) - 1,50 = 0,$$

welche, nach φ_2 aufgelöst, den zweiten genaueren Näherungswert $\varphi_2'' = -2,88$ liefert.

Die weiteren Rechnungen ergeben dann:

$$\varphi_3'' = 0,36,$$
$$\varphi_4'' = 0,098,$$
$$\varphi_5'' = -1,43,$$
$$\varphi_6'' = 19,0,$$
$$\varphi_7'' = 20,25,$$
$$\varphi_8'' = -1,71,$$
$$\varphi_9'' = 0,153,$$
$$\varphi_{10}'' = 0,229,$$
$$\varphi_{11}'' = -1,93,$$
$$\varphi_{12}'' = 20,9$$
$$\varphi_{13}'' = 16,4,$$
$$\varphi_{14}'' = -0,611,$$
$$\varphi_{15}'' = -0,139,$$
$$\varphi_{16}'' = 1,03,$$
$$\varphi_{17}'' = -5,95,$$
$$\varphi_{18}'' = 39,5.$$

In Tabelle XXVI sind die ersten, zweiten und dritten Näherungswerte übersichtlich angegeben.

Der Richtigkeitsgrad dieser Rechnungsergebnisse kann durch die Gleichgewichtsbedingungen kontrolliert werden.

Entsprechend der Gl. (I) und mit den dritten Näherungswerten erhält man:

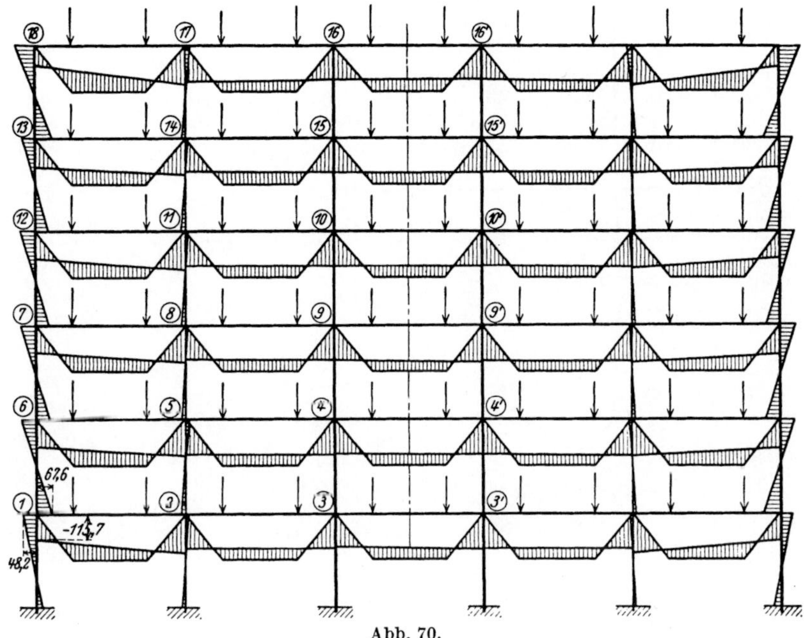

Abb. 70.

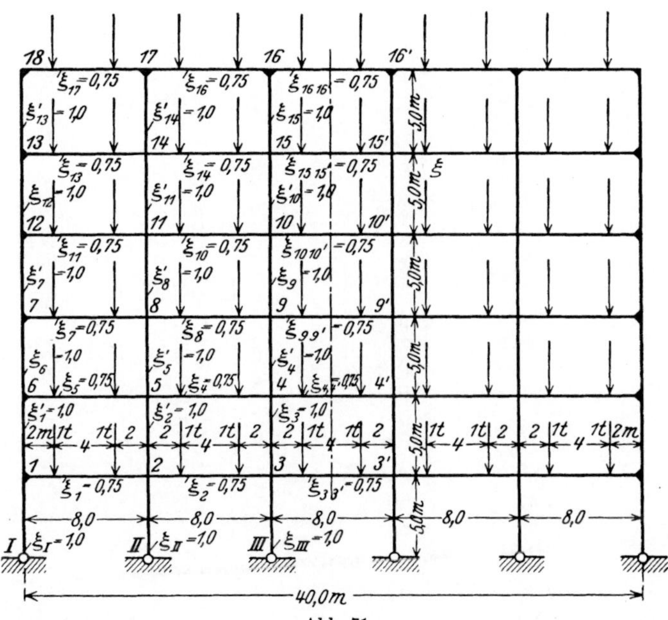

Abb. 71.

Am Knotenpunkt *1*:

$$M_{1-2} = \xi_1\{2\,\varphi_1 + \varphi_2\} - \mathfrak{M} = 0{,}75\{2\,(26{,}63) - 2{,}89\} - 150 = -\,112{,}2\ \text{t}\cdot\text{cm},$$

$$M_{1-6} = \xi_1'\{2\,\varphi_1 + \varphi_6\} = 1{,}0\{2\,(26{,}63) + 18{,}9\} = 72{,}2\ \text{t}\cdot\text{cm},$$

$$M_{1-\mathrm{I}} = \xi_{\mathrm{I}}(1{,}5\,\varphi_1) = 1{,}0\,(1{,}5)\,(26{,}63) = 40\ \text{t}\cdot\text{cm}.$$

Tabelle XXVI.

	φ_1	φ_2	φ_3	φ_4	φ_5	φ_6	φ_7	φ_8	φ_9
Erste Näherungswerte	26,5	— 2,8	0,45	0,111	— 1,50	19,4	20,2	— 1,69	0,15
Zweite Näherungswerte	26,54	— 2,88	0,36	0,098	— 1,43	19,0	20,25	— 1,71	0,153
Dritte Näherungswerte	26,63	— 2,89	0,36	0,09	— 1,38	18,9	20,3	— 1,71	0,155

	φ_{10}	φ_{11}	φ_{12}	φ_{13}	φ_{14}	φ_{15}	φ_{16}	φ_{17}	φ_{18}
Erste Näherungswerte	0,224	— 1,94	20,9	16,4	— 0,616	— 0,133	1,08	— 6,0	39,5
Zweite Näherungswerte	0,229	— 1,93	20,9	16,4	— 0,611	— 0,136	1,03	— 5,95	39,5
Dritte Näherungswerte	0,229	— 1,93	20,8	16,4	— 0,616	— 0,128	1,08	— 5,99	39,5

Am Knotenpunkt *2*:

$$M_{2-1} = \xi_1 \{2\,\varphi_2 + \varphi_1\} + \mathfrak{M} = 0,75\,\{2\,(-2,89) + 26,63\} + 150 = 165,6 \; \text{t} \cdot \text{cm},$$

$$M_{2-3} = \xi_2 \{2\,\varphi_2 + \varphi_3\} - \mathfrak{M} = 0,75\,\{2\,(-2,89) + 0,36\} - 150 = -154,1 \; \text{t} \cdot \text{cm},$$

$$M_{2-5} = \xi_2' \{2\,\varphi_2 + \varphi_5\} = 1,0\,\{2\,(-2,89) - 1,38\} = -7,2 \; \text{t} \cdot \text{cm},$$

$$M_{2-\text{II}} = \xi_{\text{II}} \{1,5\,\varphi_2\} = 1,0\,(1,5)\,(-2,89) = -4,3 \; \text{t} \cdot \text{cm} \quad \text{usw.}$$

In Tabelle XXVII sind die Knotenpunktsmomente übersichtlich zusammengestellt.

Tabelle XXVII.

Knotenmomente in t·cm

M_{1-2}	— 112,2	M_{6-1}	64,4	M_{12-13}	58
M_{1-6}	72,2	M_{7-8}	— 120,8	M_{12-7}	62
$M_{1-\text{I}}$	40,0	M_{7-12}	61,4	M_{13-14}	— 125,9
M_{2-1}	165,6	M_{7-6}	59,5	M_{13-18}	72,3
M_{2-3}	— 154,1	M_{8-9}	— 152,5	M_{13-12}	53,6
M_{2-5}	— 7,2	M_{8-7}	162,7	M_{14-15}	— 151,0
$M_{2-\text{II}}$	— 4,3	M_{8-11}	— 5,4	M_{14-13}	161,4
M_{3-2}	148,4	M_{8-5}	— 4,8	M_{14-17}	— 7,2
$M_{3-3'}$	— 149,7	$M_{9-9'}$	— 149,9	M_{14-11}	— 3,2
M_{3-4}	0,8	M_{9-8}	149,0	$M_{15-15'}$	— 150,10
$M_{3-\text{III}}$	0,5	M_{9-10}	0,5	M_{15-14}	149,35
$M_{4-4'}$	— 149,9	M_{9-4}	0,4	M_{15-16}	0,80
M_{4-5}	149,1	$M_{10-10'}$	149,8	M_{15-10}	— 0,03
M_{4-9}	0,3	M_{10-11}	148,9	$M_{16-16'}$	— 149,2
M_{4-3}	0,5	M_{10-15}	0,3	M_{16-17}	147,1
M_{5-4}	— 152,0	M_{10-9}	0,6	M_{16-15}	2,0
M_{5-6}	162,1	M_{11-10}	— 152,7	M_{17-16}	— 158,2
M_{5-8}	— 4,5	M_{11-12}	162,7	M_{17-18}	170,6
M_{5-2}	— 5,7	M_{11-14}	— 4,5	M_{17-14}	— 12,6
M_{6-5}	— 122,7	M_{11-8}	— 5,6	M_{18-17}	— 95,3
M_{6-7}	58,1	M_{12-11}	— 120	M_{18-13}	95,4

Die Gleichgewichtsgleichungen $\Sigma M_r = 0$ sind in den einzelnen Knoten bis auf geringfügige Abweichungen erfüllt.

Die Biegungsmomenteverteilung ist in Abb. 72 eingetragen.

Die vorstehenden drei Beispiele sind mit Hilfe des Iterationsverfahrens I sehr leicht durchführbar. Die nachstehenden Beispiele IV und V sind nach dem Iterationsverfahren II aufgelöst.

Beispiel IV. Dreifeldiger, dreigeschossiger, symmetrischer Rechteckrahmen mit vier eingespannten Ständern. Waagerechte Einzellast in jedem Knotenpunkt auf der vertikalen linken Seite. Gesucht sind die durch die waagerechte Belastung erzeugten Biegungsmomente bei dem in Abb. 73 dargestellten eingespannten Rahmen. Gemäß dem Grundfall von Tabelle VIIIa liefert das Verfahren der Gleichungstabulierung die nachstehende Tabelle, welche die neun Unbekannten finden läßt. (Tabelle XXVIII).

Tabelle XXVIII.

Gleichung	Linke Seite der Gleichung									Rechte Seite der Gleichung
	φ_1	φ_2	φ_3	φ_4	φ_5	φ_6	μ_1	μ_2	μ_3	
(1)	ϱ_1	ξ_1		ξ'_1			ξ_{I}	ξ'_1		0
(2)	ξ_1	$[\varrho_2]$	ξ_2				ξ_{II}	ξ_2		0
(3)		ξ_2	$[\varrho_3]$	ξ_3		ξ'_3		ξ_2	ξ'_3	0
(4)	ξ'_1		ξ_3	ϱ_4	ξ_4			ξ'_1	ξ_4	0
(5)				ξ_4	ϱ_5	ξ_5			ξ_4	0
(6)			ξ'_3		ξ_5	$[\varrho_6]$			ξ'_3	0
(7)	ξ_{I}	ξ_{II}					$\tfrac{1}{2}X_1$			$\tfrac{1}{2}S_1$
(8)	ξ'_1	ξ_2	ξ_2	ξ'_1				$\tfrac{1}{2}X_2$		$\tfrac{1}{2}S_2$
(9)			ξ'_3	ξ_4	ξ_4	ξ'_3			$\tfrac{1}{2}X_3$	$\tfrac{1}{2}S_0$

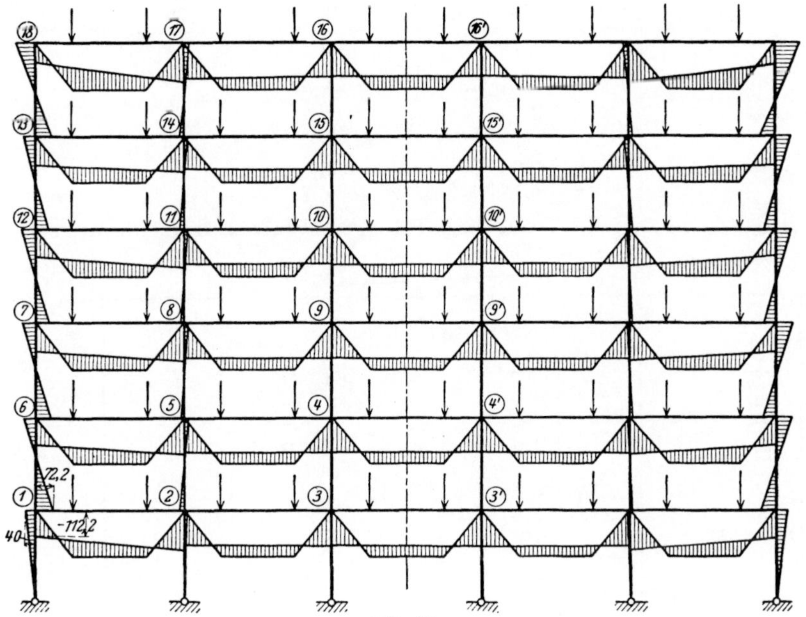

Abb. 72.

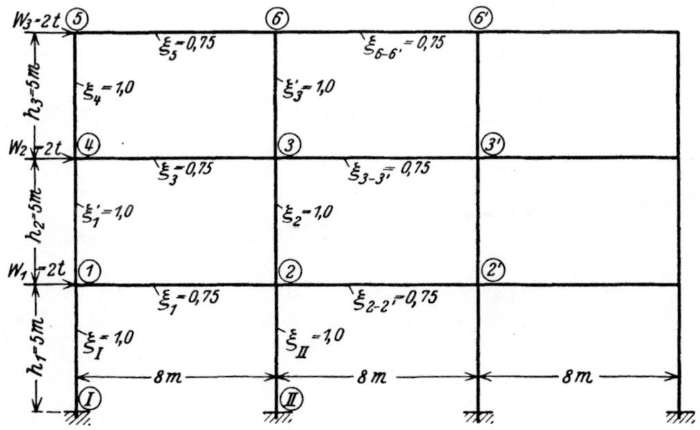

Abb. 73.

Die in Abb. 73 an die Stäbe gesetzten Zahlen zeigen die Festwerte ξ an. Daraus ergeben sich die Festwerte ϱ und X:

$$\varrho_1 = \varrho_4 = 2\,\{1,0 + 0,75 + 1,0\} = 5,5 \text{ cm}^3,$$

$$[\varrho_2] = [\varrho_3] = 2\,\{1,0 + 0,75 + 1,0 + 0,75\} + 0,75 = 7,75 \text{ cm}^3,$$

$$\varrho_5 = 2\,\{1,0 + 0,75\} = 3,5 \text{ cm}^3,$$

$$[\varrho_6] = 2\,\{0,75 + 1,0 + 0,75\} + 0,75 = 5,75 \text{ cm}^3$$

und

$$X_1 = \frac{2}{3}\,\{\xi_\mathrm{I} + \xi_\mathrm{II} + \xi_\mathrm{II} + \xi_\mathrm{I}\} = \frac{2}{3}\,\{1,0 + 1,0 + 1,0 + 1,0\} = \frac{8}{3}\text{ cm}^3,$$

$$X_2 = \frac{2}{3}\,\{\xi_1' + \xi_2 + \xi_2 + \xi_1'\} = \frac{2}{3}\,\{1,0 + 1,0 + 1,0 + 1,0\} = \frac{8}{3}\text{ cm}^3,$$

$$X_3 = \frac{2}{3}\,\{\xi_3' + \xi_4 + \xi_4 + \xi_3'\} = \frac{2}{3}\,\{1,0 + 1,0 + 1,0 + 1,0\} = \frac{8}{3}\text{ cm}^3.$$

Für die Festwerte S erhält man aus Gl. (V) in bezug auf die gegebenen Belastungen:

$$S_1 = -\frac{Q_1 h_1}{3} = -\frac{(W_1 + W_2 + W_3)\,h_1}{3} = -\frac{(2 + 2 + 2)\cdot 500}{3} = 1000 \text{ t}\cdot\text{cm},$$

$$S_2 = -\frac{Q_2 h_2}{3} = -\frac{(W_2 + W_3)\,h_2}{3} = -\frac{(2 + 2)\cdot 500}{3} = -666,6 \text{ t}\cdot\text{cm},$$

$$S_3 = -\frac{Q_3 h_3}{1} = -\frac{W_3 h_3}{3} = -\frac{2\cdot 500}{3} = -333,3 \text{ t}\cdot\text{cm}.$$

Setzt man die vorliegenden Festwerte in Tabelle XXVIII ein, so erhält man Tabelle XXIX.

Tabelle XXIX.

Gleichung	Linke Seite der Gleichung									Rechte Seite der Gleichung
	φ_1	φ_2	φ_3	φ_4	φ_5	φ_6	μ_1	μ_2	μ_3	
(1)	5,5	0,75		1,0			1,0	1,0		0
(2)	0,75	7,75	1,0				1,0	1,0		0
(3)		1,0	7,75	0,75		1,0		1,0	1,0	0
(4)	1,0		0,75	5,5	1,0			1,0	1,0	0
(5)				1,0	3,5	0,75			1,0	0
(6)			1,0		0,75	5,75			1,0	0
(7)	1,0	1,0					4/3			-500
(8)	1,0	1,0	1,0	1,0				4/3		$-333,3$
(9)			1,0	1,0	1,0	1,0			4/3	$-166,6$

Aus Tabelle XXIX kann man die neun Unbekannten φ_1 bis φ_6 und μ_1 bis μ_3 durch das Iterationsverfahren II bestimmen.

Aus Gl. (1) in Tabelle XXIX bekommt man:

$$5,5\,\varphi_1 + 0,75\,\varphi_2 + \varphi_4 + \mu_1 + \mu_2 = 0$$

oder

$$5,5\,\varphi_1' + 0,75\,\varphi_1' + \varphi_1' = -\mu_1 - \mu_2.$$

Hieraus ergibt sich:

$$\varphi_1' = -0,138\,\mu_1 - 0,138\,\mu_2.$$

Aus Gl. (2) in Tabelle XXIX erhält man:

$$0,75\,\varphi_1 + 7,75\,\varphi_2 + \varphi_3 + \mu_1 + \mu_2 = 0$$

oder

$$0,75\,\varphi_2' + 7,75\,\varphi_2' + \varphi_2' = -\mu_1 - \mu_2.$$

Hieraus ergibt sich:

$$\varphi_2' = -0,105\,\mu_1 - 0,105\,\mu_2.$$

In analoger Weise hat man aus Gln. (3) bis (6):

$$\varphi_3' = -0{,}095\,\mu_2 - 0{,}095\,\mu_3,$$
$$\varphi_4' = -0{,}121\,\mu_2 - 0{,}121\,\mu_3,$$
$$\varphi_5' = -0{,}19\,\mu_3,$$
$$\varphi_6' = -0{,}133\,\mu_3.$$

Setzt man diese Gleichungen in Gl. (7) ein, so erhält man:

$$(-0{,}138\,\mu_1 - 0{,}138\,\mu_2) + (-0{,}105\,\mu_1 - 0{,}105\,\mu_2) + \frac{4}{3}\,\mu_1 = -500$$

oder

$$1{,}09\,\mu_1 - 0{,}243\,\mu_2 = -500$$

oder auch:

$$1{,}09\,\mu_1' - 0{,}243\,\mu_1' = -500.$$

Hieraus ergibt sich:

$$\mu_1' = -590.$$

Aus Gl. (8) erhält man:

$$(-0{,}138\,\mu_1 - 0{,}138\,\mu_2) + (-0{,}105\,\mu_1 - 0{,}105\,\mu_2) + (-0{,}095\,\mu_2 - 0{,}095\,\mu_3)$$
$$+ (-0{,}121\,\mu_2 - 0{,}121\,\mu_3) + \frac{4}{3}\,\mu_2 = -333{,}3$$

oder

$$-0{,}243\,\mu_1 + 0{,}874\,\mu_2 - 0{,}216\,\mu_3 = -333{,}3$$

oder auch

$$-0{,}243\,\mu_2' + 0{,}874\,\mu_2' - 0{,}216\,\mu_2' = -333{,}3.$$

Hieraus folgt für

$$\mu_2' = -803.$$

Ganz analog hat man aus Gl. (9):

$$\mu_3' = -288.$$

Damit wird:

$$\varphi_1' = -0{,}138\,\mu_1 - 0{,}138\,\mu_2$$
$$= -0{,}138\,(\mu_1 + \mu_2)$$
$$= -0{,}138\,\{-590 - 803\} = 192.$$
$$\varphi_2' = -0{,}105\,(\mu_1 + \mu_2)$$
$$= -0{,}105\,\{-590 - 803\} = 146.$$
$$\varphi_3' = -0{,}095\,(\mu_2 + \mu_3)$$
$$= -0{,}095\,\{-803 - 288\} = 104.$$
$$\varphi_4' = -0{,}121\,(\mu_2 + \mu_3),$$
$$= -0{,}121\,\{-803 - 288\} = 132.$$
$$\varphi_5' = -0{,}19\,\mu_3 = -0{,}19 \cdot (-288) = 55,$$
$$\varphi_6' = -0{,}133\,\mu_3 = -0{,}133\,(-288) = 38.$$

In Tabelle XXX sind die ersten Näherungswerte der Unbekannten eingeschrieben.

Tabelle XXX.

	φ_1	φ_2	φ_3	φ_4	φ_5	φ_6	μ_1	μ_2	μ_3
Erster Näherungswert	192	146	104	132	55	38	−590	−803	−288
Zweiter Näherungswert	209	146	104,5	136	35,3	27,4	−644	−697	−352
Dritter Näherungswert	199,5	140,4	100,5	134	56,4	36,4	−630	−680	−371
Vierter Näherungswert	195	137	100	132	60,5	39,2	−624	−672	−374
Fünfter Näherungswert	193	135,6	99,5	130,5	61,2	39,8	−620	−669	−375
Sechster Näherungswert	192	135	99,5	130,5	61,4	40	−620	−669	−374
Siebenter Näherungswert	192,5	135	99,5	130	61,2	39,8	−620	−667	−373

Diese ersten Näherungswerte werden in die Gleichungen eingesetzt.
Die erste Gleichung (1) in Tabelle XXIX lautet dann:

$$5,5\,\varphi_1 + 0,75\,(146) + 132 - 590 - 803 = 0\,,$$

welche, nach φ_1 aufgelöst, den zweiten genaueren Näherungswert

$$\varphi_1'' = 209$$

liefert.

Mit diesem zweiten Näherungswert φ_1'' und anderen ersten Näherungswerten in Tabelle XXX lautet die Gleichung (2) in Tabelle XXIX:

$$0,75\,(209) + 7,75\,\varphi_2 + 104 - 590 - 803 = 0\,,$$

aus der, nachdem sie nach φ_2 aufgelöst ist, der zweite genauere Näherungswert

$$\varphi_2'' = 146$$

hervorgeht.

Gleichartig liefern weitere Rechnungen mit dem Rechenschieber die zweiten bis siebenten Näherungswerte, welche in Tabelle XXX übersichtlich angegeben sind.

Die Richtigkeit dieser Rechnungsergebnisse kann durch die Gleichgewichtsbedingungen kontrolliert und ihre Genauigkeit durch Versuche beliebig erhöht werden.

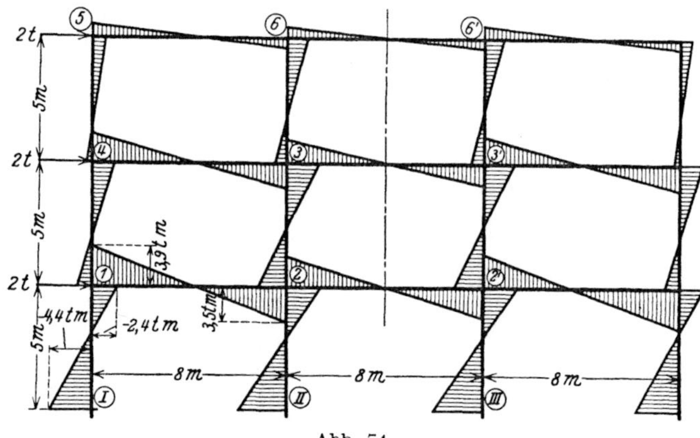

Abb. 74.

Entsprechend der Grundgleichung (I) erhält man mit den siebenten Näherungswerten:
Am Knotenpunkt *1*:

$$M_{1-2} = \xi_1\,\{2\,\varphi_1 + \varphi_2\} = 0,75\,\{2\,(192,5) + 135\} = 3,9\ \text{t}\cdot\text{m}\,,$$

$$M_{1-4} = \xi_1'\,\{2\,\varphi_1 + \varphi_4 + \mu_2\} = 1,0\cdot\{2\,(192,5) + 130 - 667\} = -1,5\ \text{t}\cdot\text{m}\,,$$

$$M_{1-\mathrm{I}} = \xi_\mathrm{I}\,\{2\,\varphi_1 + \mu_1\} = 1,0\cdot\{2\,(192,5) - 620\} = -2,4\ \text{t}\cdot\text{m}\,.$$

Am Knotenpunkt *2*:

$$M_{2-2'} = 3,0\ \text{t}\cdot\text{m}\,, \qquad M_{2-1} = 3,5\ \text{t}\cdot\text{m}\,,$$

$$M_{2-3} = -3,0\ \text{t}\cdot\text{m}\,, \qquad M_{2-\mathrm{II}} = -3,5\ \text{t}\cdot\text{m}\,.$$

In Tabelle XXXI sind die Knotenpunktsmomente zusammengestellt, und in Abb. 74 ist die Biegungsmomenteverteilung eingetragen.

Beispiel V. Zweifeldiger, zweigeschossiger Rechteckrahmen mit drei eingespannten Ständern. Beliebige vertikale Belastungssysteme auf den Balken. Der in Abb. 75 dargestellte Rahmen hat zwei Felder mit ungleich beschaffenen Ständern

Tabelle XXXI.

Knotenpunktsmomente in t·m.

M_{1-2}	3,9	M_{4-3}	2,7
M_{1-4}	$-1,5$	M_{4-5}	$-0,5$
$M_{1-\mathrm{I}}$	$-2,4$	M_{4-1}	$-2,2$
$M_{2-2'}$	3,0	M_{5-6}	1,2
M_{2-1}	3,5	M_{5-4}	$-1,2$
M_{2-3}	$-3,0$	$M_{6-6'}$	0,9
$M_{2-\mathrm{II}}$	$-3,5$	M_{6-5}	1,1
$M_{3-3'}$	2,2	M_{6-3}	$-2,0$
M_{3-4}	2,5	$M_{\mathrm{I}-1}$	$-4,4$
M_{3-6}	$-1,4$	$M_{\mathrm{II}-2}$	$-4,9$
M_{3-2}	$-3,3$		

und Riegeln. Gesucht sind die durch die in der Abbildung dargestellten Belastung erzeugten Biegungsmomente.

Entsprechend den Gln. (VIc) und (VIIa) und nach dem Grundfall von Tabelle IIIa liefert das Verfahren der Gleichungstabulierung die folgende Tabelle, welche die Koeffizienten und Festwerteanordnung von Bestimmungsgleichungen zeigt und die acht Unbekannten finden läßt (Tabelle XXXII).

Tabelle XXXII.

Gleichung	Linke Seite der Gleichung								Rechte Seite der Gleichung
	φ_1	φ_2	φ_3	φ_4	φ_5	φ_6	μ_1	μ_2	
(1)	ϱ_1	ξ_1				ξ'_1	ξ_I	ξ'_1	$\mathfrak{M}_{12}$
(2)	ξ_1	ϱ_2	ξ_2		ξ'_2		ξ_II	ξ'_2	$\mathfrak{M}_{23} - \mathfrak{M}_{21}$
(3)		ξ_2	ϱ_3	ξ_3			ξ_III	ξ_3	$- \mathfrak{M}_{32}$
(4)			ξ_3	ϱ_4	ξ_4			ξ_3	$- \mathfrak{M}_{45}$
(5)		ξ'_2		ξ_4	ϱ_5	ξ_5		ξ'_2	$\mathfrak{M}_{54} - \mathfrak{M}_{56}$
(6)	ξ'_1				ξ_5	ϱ_6		ξ'_1	$\mathfrak{M}_{65}$
(7)	ξ_I	ξ_II	ξ_III				X_1		0
(8)	ξ'_1	ξ'_2	ξ_3	ξ_3	ξ'_2	ξ'_1		X_2	0

Die in Abb. 75 an die Stäbe gesetzten Zahlen geben die Festwerte ξ in cm³.

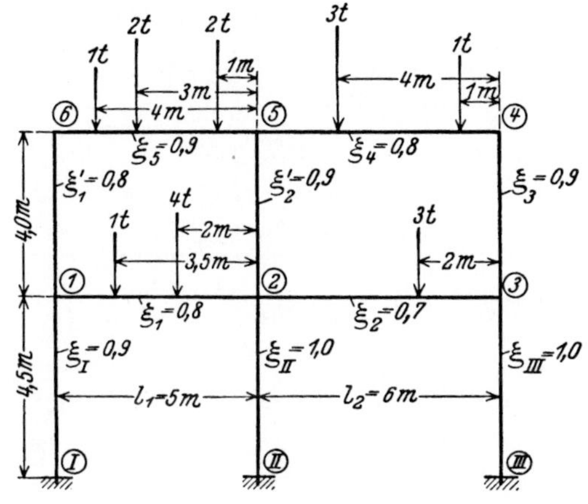

Abb. 75.

Daraus ergeben sich die Festwerte ϱ und X:

$$\varrho_1 = 2\,\{\xi_\mathrm{I} + \xi_1 + \xi'_1\} = 2\,\{0,9 + 0,8 + 0,8\} = 5,0 \text{ cm}^3,$$

$$\varrho_2 = 2\,\{\xi_\mathrm{II} + \xi_1 + \xi_2 + \xi'_2\} = 2\,\{1,0 + 0,8 + 0,7 + 0,9\} = 6,8 \text{ cm}^3,$$

$$\varrho_3 = 2\,\{\xi_\mathrm{III} + \xi_2 + \xi_3\} = 2\,\{1,0 + 0,7 + 0,9\} = 5,2 \text{ cm}^3,$$

$$\varrho_4 = 2\,\{\xi_3 + \xi_4\} = 2\,\{0,9 + 0,8\} = 3,4 \text{ cm}^3,$$

$$\varrho_5 = 2\,\{\xi_4 + \xi_5 + \xi'_2\} = 2\,\{0,8 + 0,9 + 0,9\} = 5,2 \text{ cm}^3,$$

$$\varrho_6 = 2\,\{\xi'_1 + \xi_5\} = 2\,\{0,8 + 0,9\} = 3,4 \text{ cm}^3.$$

und

$$X_1 = \frac{2}{3}\,\{\xi_\mathrm{I} + \xi_\mathrm{II} + \xi_\mathrm{III}\} = \frac{2}{3}\,\{0,9 + 1,0 + 1,0\} = 1,93 \text{ cm}^3,$$

$$X_2 = \frac{2}{3}\,\{\xi'_1 + \xi'_2 + \xi_3\} = \frac{2}{3}\,\{0,8 + 0,9 + 0,9\} = 1,73 \text{ cm}^3.$$

Für die Festwerte $\mathfrak{M}$ erhält man aus Tabelle Ia (1) in bezug auf die gegebenen Belastungen:

$$\mathfrak{M}_{12} = \frac{1}{l^2} \sum{}'P\,a\,b^2 = \frac{1}{5^2}\{1\cdot(1,5)(3,5)^2 + 4(3)2^2\} = 2,655\ \text{t}\cdot\text{m} = 265,5\ \text{t}\cdot\text{cm}\,,$$

$$\mathfrak{M}_{21} = \frac{1}{l^2} \sum{}'P\,a^2\,b = \frac{1}{5^2}\{1\cdot(1,5)^2(3,5) + 4(3^2)2\} = 319,5\ \text{t}\cdot\text{cm}\,,$$

$$\mathfrak{M}_{23} = \frac{P\,a\,b^2}{l^2} = \frac{1}{6^2}\{3(4)2^2\} = 133,3\ \text{t}\cdot\text{cm}\,,$$

$$\mathfrak{M}_{32} = \frac{P\,a^2\,b}{l^2} = \frac{1}{6^2}\{3(4^2)2\} = 266,7\ \text{t}\cdot\text{cm}\,,$$

$$\mathfrak{M}_{45} = \frac{1}{l^2} \sum{}'P\,a^2\,b = \frac{1}{6^2}\{3(2^2)4 + 1(5^2)1\} = 202,8\ \text{t}\cdot\text{cm}\,,$$

$$\mathfrak{M}_{54} = \frac{1}{l^2} \sum{}'P\,a\,b^2 = \frac{1}{6^2}\{3(2)4^2 + 1(5)1^2\} = 280,6\ \text{t}\cdot\text{cm}\,,$$

$$\mathfrak{M}_{56} = \frac{1}{l^2} \sum{}'P\,a^2\,b = \frac{1}{5^2}\{1(1^2)4 + 2(2^2)3 + 2(4^2)1\} = 240\ \text{t}\cdot\text{cm}\,.$$

$$\mathfrak{M}_{65} = \frac{1}{l^2} \sum{}'P\,a\,b^2 = \frac{1}{5^2}\{1(1)4^2 + 2(2)3^2 + 2(4)1^2\} = 240\ \text{t}\cdot\text{cm}\,.$$

Setzt man diese Beiwerte und Festwerte in Tabelle XXXII ein, so erhält man Tabelle XXXIII, welche die acht Unbekannten φ_1 bis φ_6 und μ_1, μ_2 bestimmen läßt.

Tabelle XXXIII

Gleichung	Linke Seite der Gleichung								Rechte Seite der Gleichung
	φ_1	φ_2	φ_3	φ_4	φ_5	φ_6	μ_1	μ_2	
(1)	5,0	0,8				0,8	0,9	0,8	265,5
(2)	0,8	6,8	0,7		0,9		1,0	0,9	− 186,2
(3)		0,7	5,2	0,9			1,0	0,9	− 266,7
(4)			0,9	3,4	0,8			0,9	− 202,8
(5)		0,9		0,8	5,2	0,9		0,9	40,6
(6)	0,8				0,9	3,4		0,8	240
(7)	0,9	1,0	1,0				1,93		0
(8)	0,8	0,9	0,9	0,9	0,9	0,8		1,73	0

Durch das Iterationsverfahren II erhält man aus Tabelle XXXIII die Unbekannten:

$$\varphi_1 = 43,05\,, \qquad \varphi_5 = 9,63\,,$$
$$\varphi_2 = -35,02\,, \qquad \varphi_6 = 52,97\,,$$
$$\varphi_3 = -44,65\,, \qquad \mu_1 = 21,2\,,$$
$$\varphi_4 = -55,64\,, \qquad \mu_2 = 21\,.$$

Entsprechend der Grundgleichung (I) erhält man mit den vorliegenden Werten von φ und μ:

Am Knotenpunkt *1*:

$$M_{1-2} = \xi_1\{2\,\varphi_1 + \varphi_2\} - \mathfrak{M}_{12} = 0,8\{2(43,05) - 35,02\} - 265,5 = -225\ \text{t}\cdot\text{cm} = -2,25\ \text{t}\cdot\text{m}\,,$$

$$M_{1-6} = \xi_1'\{2\,\varphi_1 + \varphi_6 + \mu_2\} = 0,8\{2(43,05) + 52,97 + 21\} = 128\ \text{t}\cdot\text{cm} = 1,28\ \text{t}\cdot\text{m}\,,$$

$$M_{1-\mathrm{I}} = \xi_\mathrm{I}\{2\,\varphi_1 + \mu_1\} = 0,9\{2(43,05) + 21,2\} = 97\ \text{t}\cdot\text{cm} = 0,97\ \text{t}\cdot\text{m}\,.$$

Die Gleichgewichtsbedingung $\Sigma M_1 = 0$ ist am Knotenpunkt *1* vollkommen erfüllt.

Am Knotenpunkt *2*:

$$M_{2-1} = \xi_1 \{2\,\varphi_2 + \varphi_1\} + \mathfrak{M}_{21} = 0,8\,\{2\,(-35,02) + 43,05\} + 319,5 = 2,98\ \mathrm{t\cdot m}\,,$$

$$M_{2-3} = \xi_2 \{2\,\varphi_2 + \varphi_3\} - \mathfrak{M}_{23} = 0,7\,\{2\,(-35,02) - 44,65\} - 133,3 = -2,14\ \mathrm{t\cdot m}\,,$$

$$M_{2-5} = \xi_2' \{2\,\varphi_2 + \varphi_5 + \mu_2\} = 0,9\,\{2\,(-35,02) + 9,63 + 21\} = -0,35\ \mathrm{t\cdot m}\,,$$

$$M_{2-\mathrm{II}} = \xi_\mathrm{II} \{2\,\varphi_2 + \mu_1\} = 1,0\,\{2\,(-35,02) + 21,2\} = -0,49\ \mathrm{t\cdot m}\,.$$

Die Gleichgewichtsbedingung $\Sigma M_2 = 0$ ist am Knotenpunkt *2* vollkommen erfüllt.

Am Knotenpunkt *3*:

$$M_{3-2} = 1,8\ \ \mathrm{t\cdot m}\,,$$
$$M_{3-4} = -1,12\ \mathrm{t\cdot m}\,,$$
$$M_{3-\mathrm{III}} = -0,68\ \mathrm{t\cdot m}\,.$$

Am Knotenpunkt *4*:

$$M_{4-5} = 1,21\ \mathrm{t\cdot m}\,,$$
$$M_{4-3} = -1,21\ \mathrm{t\cdot m}\,.$$

Am Knotenpunkt *5*:

$$M_{5-4} = -3,1\ \ \mathrm{t\cdot m}\,,$$
$$M_{5-6} = 3,05\ \mathrm{t\cdot m}\,,$$
$$M_{5-2} = 0,05\ \mathrm{t\cdot m}\,.$$

Am Knotenpunkt *6*:

$$M_{6-5} = -1,36\ \mathrm{t\cdot m}\,,$$
$$M_{6-1} = 1,36\ \mathrm{t\cdot m}\,.$$

An jedem Knotenpunkt ist die Gleichgewichtsbedingung $\Sigma M_{\llcorner} = 0$ vollkommen erfüllt.

An den eingespannten Füßen:

$$M_{\mathrm{I}-1} = 0,58\ \mathrm{t\cdot m}\,,$$
$$M_{\mathrm{II}-2} = -0,14\ \mathrm{t\cdot m}\,,$$
$$M_{\mathrm{III}-3} = -0,23\ \mathrm{t\cdot m}\,.$$

Die Gleichgewichtsbedingung für das erste Stockwerk lautet:

$$M_{1-\mathrm{I}} + M_{\mathrm{I}-1} + M_{2-\mathrm{II}} + M_{\mathrm{II}-2} + M_{3-\mathrm{III}} + M_{\mathrm{III}-3} = 0\,,$$

worin

$$M_{1-\mathrm{I}} = 0,97\ \mathrm{t\cdot m}\,, \qquad M_{\mathrm{II}-2} = -0,14\ \mathrm{t\cdot m}\,,$$
$$M_{\mathrm{I}-1} = 0,58\ \mathrm{t\cdot m}\,, \qquad M_{3-\mathrm{III}} = -0,68\ \mathrm{t\cdot m}\,,$$
$$M_{2-\mathrm{II}} = -0,49\ \mathrm{t\cdot m}\,, \qquad M_{\mathrm{III}-3} = -0,23\ \mathrm{t\cdot m}\,.$$

Für das zweite Stockwerk:

$$M_{1-6} + M_{6-1} + M_{2-5} + M_{5-2} + M_{3-4} + M_{4-3} = 0\,,$$

worin

$$M_{1-6} = 1,28\ \mathrm{t\cdot m}\,, \qquad M_{5-2} = 0,05\ \mathrm{t\cdot m}\,,$$
$$M_{6-1} = 1,36\ \mathrm{t\cdot m}\,, \qquad M_{3-4} = -1,12\ \mathrm{t\cdot m}\,,$$
$$M_{2-5} = -0,35\ \mathrm{t\cdot m}\,, \qquad M_{4-3} = -1,21\ \mathrm{t\cdot m}\,.$$

Diese zwei Stockwerksgleichungen sind bis auf geringfügige Abweichungen erfüllt. In Abb. 76 ist die Biegungsmomenteverteilung eingetragen.

Beispiel VI. Symmetrischer, turmförmiger, zehngeschossiger Rahmen mit sieben eingespannten Ständern. Es sollen die Knotenpunktsmomente nach dem in Abb. 77 dargestellten turmförmigen, zehngeschossigen Rahmen ermittelt werden.

Er trägt auf den Balken vertikale, symmetrische Belastungen. Infolge der Symmetrie ist $\varphi_m = 0$, und eine Verschiebung der Knoten im waagerechten Sinne unmöglich, es sind also alle $\mu = 0$.

Der Rahmen ist daher zwanzigfach statisch unbestimmt.

Nach Tabelle IIa liefert das Verfahren der Gleichungstabulierung die umstehende Tabelle, aus der sich die Unbekannten φ_1 bis φ_{20} ermitteln lassen (Tabelle XXXIV).

Tabelle XXXIV.

Gleichung	Linke Seite der Gleichung																				Rechte Seite der Gleichung
	φ_1	φ_2	φ_3	φ_4	φ_5	φ_6	φ_7	φ_8	φ_9	φ_{10}	φ_{11}	φ_{12}	φ_{13}	φ_{14}	φ_{15}	φ_{16}	φ_{17}	φ_{18}	φ_{19}	φ_{20}	
(1)	ϱ_1	ξ_1				ξ_1'															$\mathfrak{M}$
(2)	ξ_1	ϱ_2	ξ_2		ξ_2'																0
(3)		ξ_2	ϱ_3	ξ_3																	0
(4)			ξ_3	ϱ_4	ξ_4				ξ_4'												0
(5)		ξ_2'		ξ_4	ϱ_5	ξ_5		ξ_5'													0
(6)	ξ_1'				ξ_5	ϱ_6	ξ_6														$\mathfrak{M}$
(7)						ξ_6	ϱ_7	ξ_7													$\mathfrak{M}$
(8)					ξ_5'		ξ_7	ϱ_8	ξ_8		ξ_8'										0
(9)				ξ_4'				ξ_8	ϱ_9	ξ_9											0
(10)									ξ_9	ϱ_{10}	ξ_{10}		ξ_{10}'								0
(11)								ξ_8'		ξ_{10}	ϱ_{11}	ξ_{11}									$\frac{2}{3}\mathfrak{M}$
(12)											ξ_{11}	ϱ_{12}	ξ_{12}		ξ_{12}'						$\frac{2}{3}\mathfrak{M}$
(13)										ξ_{10}'		ξ_{12}	ϱ_{13}	ξ_{13}							0
(14)													ξ_{13}	ϱ_{14}	ξ_{14}		ξ_{14}'				0
(15)												ξ_{12}'		ξ_{14}	ϱ_{15}	ξ_{15}					$\frac{2}{3}\mathfrak{M}$
(16)															ξ_{15}	ϱ_{16}	ξ_{16}				$\frac{2}{3}\mathfrak{M}$
(17)														ξ_{14}'		ξ_{16}	ϱ_{17}	ξ_{17}			0
(18)																	ξ_{17}	ϱ_{18}	ξ_{18}		$\frac{1}{2}\mathfrak{M}$
(19)																		ξ_{18}	ϱ_{19}	ξ_{19}	$\frac{1}{2}\mathfrak{M}$
(20)																			ξ_{19}	ϱ_{20}	$\frac{1}{2}\mathfrak{M}$

Wie vorher dargelegt, so errechnen wir zuerst die Stabwerte h, l, J für alle Stäbe und dann die Festwerte ξ, ϱ, $\mathfrak{M}$ für alle Stäbe und Knotenpunkte sowie für die gegebenen Belastungen.

Der Einfachheit halber bezeichnen wir mit konstantem ξ die Steifigkeitsgrade aller Stäbe; hieraus ergeben sich die Festwerte ϱ:

$$\varrho_1 = \varrho_6 = \varrho_{11} = \varrho_{12} = \varrho_{15} = \varrho_{18} = \varrho_{19} = 2\,(\xi + \xi + \xi) = 6\,\xi \,,$$

$$\varrho_2 = \varrho_3 = \varrho_4 = \varrho_5 = \varrho_8 = \varrho_9 = \varrho_{10} = \varrho_{13} = \varrho_{14} = \varrho_{17} = 2\,(\xi + \xi + \xi + \xi) = 8\,\xi \,,$$

$$\varrho_7 = \varrho_{16} = \varrho_{20} = 2\,(\xi + \xi) = 4\,\xi \,.$$

Die Festwerte $\mathfrak{M}$ bezüglich der gegebenen Belastungen kann man aus Tabelle I erhalten; um die Aufgabe allgemeiner zu lösen, behalten wir die Festwerte $\mathfrak{M}$, wie in Abb. 77, bei; die Rechnungsergebnisse sind daher für verschiedene symmetrische Belastungssysteme verwendbar.

Setzt man die vorliegenden Festwerte in Tabelle XXXIV ein, so erhält man Tabelle XXXV. (Siehe S. 60.)

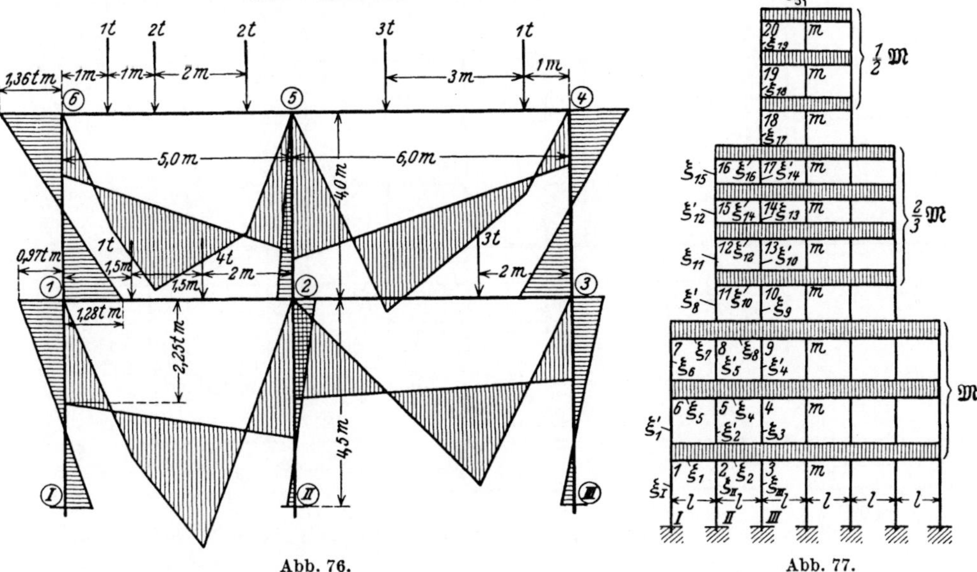

Abb. 76.
Abb. 77.

Aus Tabelle XXXV lassen sich die zwanzig Unbekannten φ_1 bis φ_{20} durch das Iterationsverfahren leicht bestimmen; die folgende Zwischenrechnung der Unbekannten φ kann ohne Anstrengung in drei Stunden bewerkstelligt werden.

Der Rechnungsverlauf ist folgender:

Aus Gl. (1) in Tabelle XXXV erhält man:

$$6\,\varphi_1 + \varphi_2 + \varphi_6 = 1 \,, \qquad \text{(Multiplikator: } \mathfrak{M}:\xi\text{)}$$

oder

$$6\,\varphi_1' + \varphi_1' + \varphi_1' = 1 \,.$$

Hieraus ergibt sich:

$$\varphi_1' = 0{,}125\,\mathfrak{M}:\xi \,.$$

In analoger Weise hat man aus Gln. (2) bis (20) in Tabelle XXXV:

$$\varphi_2' = \varphi_3' = \varphi_4' = \varphi_5' = \varphi_8' = \varphi_9' = \varphi_{10}' = \varphi_{13}' = \varphi_{14}' = \varphi_{17}' = 0 \,,$$

$$\varphi_6' = \varphi_{16}' = 0{,}111\,\mathfrak{M}:\xi \,,$$

$$\varphi_7' = 0{,}167\,\mathfrak{M}:\xi \,,$$

$$\varphi_{11}' = \varphi_{12}' = \varphi_{15}' = 0{,}074\,\mathfrak{M}:\xi \,,$$

$$\varphi_{18}' = \varphi_{19}' = 0{,}063\,\mathfrak{M}:\xi \,.$$

$$\varphi_{20}' = 0{,}1\,\mathfrak{M}:\xi \,.$$

Tabelle XXXV.

Gleichung	Linke Seite der Gleichung																				Rechte Seite der Gleichung
	φ_1	φ_2	φ_3	φ_4	φ_5	φ_6	φ_7	φ_8	φ_9	φ_{10}	φ_{11}	φ_{12}	φ_{13}	φ_{14}	φ_{15}	φ_{16}	φ_{17}	φ_{18}	φ_{19}	φ_{20}	$(\mathfrak{M}:\xi)$
(1)	6	1				1															1
(2)	1	8	1		1																0
(3)		1	8	1																	0
(4)			1	8	1				1												0
(5)		1		1	8	1		1													0
(6)	1				1	6	1														1
(7)						1	4	1													1
(8)					1		1	8	1		1										0
(9)				1				1	8	1											0
(10)									1	8	1		1								0
(11)								1		1	6	1									0,666666
(12)											1	6	1		1						0,666666
(13)										1		1	8	1							0
(14)													1	8	1		1				0
(15)												1		1	6	1					0,666666
(16)															1	4	1				0,666666
(17)														1		1	8	1			0
(18)																	1	6	1		0,5
(19)																		1	6	1	0,5
(20)																			1	4	0,5

Diese ersten Näherungswerte von φ sind in Tabelle XXXVI angegeben:

Tabelle XXXVI

		φ_1	φ_2	φ_3	φ_4	φ_5	φ_6	φ_7	φ_8	φ_9	φ_{10}
Näherungswert	$\varphi^{(I)}$	0,125	0	0	0	0	0,111	0,167	0	0	0
	$\varphi^{(II)}$	0,148	−0,019	0,0024	−0,0003	−0,0115	0,116	0,221	−0,035	0,0044	−0,0098
	$\varphi^{(III)}$	0,150	−0,0174	0,0022	0,0006	−0,008	0,106	0,232	−0,040	0,0062	−0,013
	$\varphi^{(IV)}$	0,152	−0,0183	0,0022	−0,00005	−0,0059	0,1036	0,2341	−0,0427	0,0070	−0,0134
	$\varphi^{(V)}$	0,1525	−0,0186	0,0023	−0,00042	−0,0052	0,1031	0,2349	−0,0430	0,0071	−0,0133
	$\varphi^{(VI)}$	0,1526	−0,0187	0,0024	−0,00054	−0,0050	0,1029	0,2350	−0,0430	0,0071	−0,0132
	$\varphi^{(VII)}$	0,1526	−0,01875	0,0024	−0,00056	−0,00507	0,1029	0,2350	−0,0430	0,0071	−0,0132
	$\varphi^{(VIII)}$	0,1526	−0,01874	0,0024	−0,00055	−0,00507	0,1029	0,2350	−0,0430	0,0071	−0,0132

		φ_{11}	φ_{12}	φ_{13}	φ_{14}	φ_{15}	φ_{16}	φ_{17}	φ_{18}	φ_{19}	φ_{20}
Näherungswert	$\varphi^{(I)}$	0,074	0,074	0	0	0,074	0,111	0	0,063	0,063	0,1
	$\varphi^{(II)}$	0,106	0,081	−0,009	−0,008	0,080	0,147	−0,025	0,077	0,054	0,112
	$\varphi^{(III)}$	0,107	0,081	−0,007	−0,006	0,074	0,154	−0,028	0,079	0,051	0,112
	$\varphi^{(IV)}$	0,107	0,082	−0,0078	−0,0048	0,0726	0,1555	−0,0287	0,0796	0,0514	0,1121
	$\varphi^{(V)}$	0,1068	0,0825	−0,0081	−0,0045	0,0722	0,1558	−0,0289	0,0796	0,0514	0,11215
	$\varphi^{(VI)}$	0,1067	0,0826	−0,0081	−0,0044	0,0721	0,1559	−0,0289	0,0796	0,0514	0,11215
	$\varphi^{(VII)}$	0,1067	0,0827	−0,00813	−0,00438	0,07207	0,1559	−0,0289	0,0796	0,0514	0,11215
	$\varphi^{(VIII}$	0,1067	0,0827	−0,00813	−0,00438	0,07207	0,1559	−0,0289	0,0796	0,0514	0,11215

Sie werden in die Gleichungen eingesetzt; die erste Gleichung (1) in Tabelle XXXV lautet dann:

$$6\,\varphi_1 + (0) + 0{,}111 = 1\,, \qquad \text{(Multiplikator } \mathfrak{M}:\xi)$$

welche, nach φ_1 aufgelöst, den zweiten genaueren Näherungswert liefert

$$\varphi_1'' = 0{,}148\,\mathfrak{M}:\xi\,.$$

Die zweite Gleichung (2) in Tabelle XXXV liefert mit diesem zweiten Näherungswert φ_1'' und anderen ersten Näherungswerten, nach φ_2 aufgelöst, den zweiten genaueren Näherungswert

$$\varphi_2'' = - 0{,}019\,\mathfrak{M} : \xi \,.$$

Ebenso geben die weiteren Rechnungen die zweiten Näherungswerte an; die Rechnung ist bis zur Bestimmung der achten Näherungswerte durchgeführt, welche in Tabelle XXXVI vereinigt sind.

Tabelle XXXVII

Knotenmomente (Multiplikator: $\mathfrak{M}$)

M_{1-2}	$- 0{,}713$	M_{6-7}	$0{,}441$	M_{12-15}	$0{,}237$	M_{18-19}	$0{,}211$
M_{1-6}	$0{,}408$	M_{6-1}	$0{,}358$	M_{10-11}	$0{,}272$	M_{18-17}	$0{,}130$
M_{1-I}	$0{,}305$	M_{7-8}	$- 0{,}573$	M_{13-12}	$0{,}733$	M_{19-m}	$- 0{,}397$
M_{2-1}	$1{,}115$	M_{7-6}	$0{,}573$	M_{13-m}	$- 0{,}683$	M_{19-20}	$0{,}215$
M_{2-3}	$- 1{,}035$	M_{8-7}	$1{,}149$	M_{13-14}	$- 0{,}021$	M_{19-18}	$0{,}182$
M_{2-5}	$- 0{,}043$	M_{8-9}	$- 1{,}079$	$M_{10\ 10}$	$- 0{,}029$	M_{20-m}	$- 0{,}276$
M_{2-II}	$- 0{,}037$	M_{8-11}	$0{,}021$	M_{14-15}	$0{,}730$	M_{20-19}	$0{,}276$
M_{3-2}	$0{,}986$	M_{8-5}	$- 0{,}091$	M_{14-m}	$- 0{,}675$	M_{m-3}	$1{,}002$
M_{3-m}	$- 0{,}995$	M_{9-8}	$0{,}971$	M_{14-17}	$- 0{,}038$	M_{m-4}	$1{,}00$
M_{3-4}	$0{,}004$	M_{9-m}	$- 0{,}986$	M_{14-13}	$- 0{,}017$	M_{m-9}	$1{,}007$
M_{3-III}	$0{,}005$	M_{9-10}	$0{,}001$	M_{15-14}	$- 0{,}527$	M_{m-10}	$0{,}654$
M_{4-5}	$0{,}994$	M_{9-4}	$0{,}014$	M_{15-16}	$0{,}300$	M_{m-13}	$0{,}659$
M_{4-m}	$- 1{,}001$	M_{10-11}	$0{,}747$	M_{15-12}	$0{,}227$	M_{m-14}	$0{,}662$
M_{4-9}	$0{,}006$	M_{10-m}	$- 0{,}693$	M_{16-17}	$- 0{,}384$	M_{m-17}	$0{,}638$
M_{4-3}	$0{,}001$	M_{10-13}	$- 0{,}035$	M_{16-15}	$0{,}384$	M_{m-18}	$0{,}580$
M_{5-6}	$1{,}093$	M_{10-9}	$- 0{,}019$	M_{17-16}	$0{,}765$	M_{m-19}	$0{,}551$
M_{5-4}	$- 1{,}011$	M_{11-10}	$- 0{,}466$	M_{17-m}	$- 0{,}725$	M_{m-20}	$0{,}612$
M_{5-8}	$- 0{,}053$	M_{11-12}	$0{,}296$	M_{17-18}	$0{,}022$	$M_{I\ -1}$	$0{,}153$
M_{5-2}	$- 0{,}029$	M_{11-8}	$0{,}170$	M_{17-14}	$- 0{,}062$	$M_{II\ -2}$	$- 0{,}019$
M_{6-5}	$- 0{,}799$	M_{12-13}	$- 0{,}509$	M_{18-m}	$- 0{,}341$	M_{III-3}	$0{,}002$

Die Richtigkeit dieser Rechnungsergebnisse kann durch die Gleichgewichtsbedingungen kontrolliert und ihre Genauigkeit durch Versuche beliebig erhöht werden. Nun sollen im nachstehenden die Knotenpunktsmomente ermittelt und die Richtigkeit dieses Verfahrens durch die Gleichgewichtsgleichungen kontrolliert werden.

Entsprechend der Grundgleichung (I) erhält man mit den achten Näherungswerten:

Am Knotenpunkt *1*:

$$M_{1-2} = \xi\,\{2\,\varphi_1 + \varphi_2\} - \mathfrak{M} = \mathfrak{M}\,\{2\,(0{,}1526) - 0{,}0187 - 1\} = - 0{,}713\,\mathfrak{M}\,,$$

$$M_{1-6} = \xi\,\{2\,\varphi_1 + \varphi_6\} = \mathfrak{M}\,\{2\,(0{,}1526) + 0{,}1029\} = 0{,}408\,\mathfrak{M}\,,$$

$$M_{1-I} = \xi\,\{2\,\varphi_1\} = \mathfrak{M}\,\{2\,(0{,}1526)\} = 0{,}305\,\mathfrak{M}\,.$$

Am Knotenpunkt *2*:

$$M_{2-3} = \xi\,\{2\,\varphi_2 + \varphi_3\} - \mathfrak{M} = \mathfrak{M}\,\{2\,(- 0{,}0187) + 0{,}0024 - 1\} = - 1{,}035\,\mathfrak{M}\,,$$

$$M_{2-1} = \xi\,\{2\,\varphi_2 + \varphi_1\} + \mathfrak{M} = \mathfrak{M}\,\{2\,(- 0{,}0187) + 0{,}1526 + 1\} = 1{,}115\,\mathfrak{M}\,,$$

$$M_{2-5} = \xi\,\{2\,\varphi_2 + \varphi_5\} = \mathfrak{M}\,\{2\,(- 0{,}0187) - 0{,}0051\} = - 0{,}043\,\mathfrak{M}\,,$$

$$M_{2-II} = \xi\,\{2\,\varphi_2\} = \mathfrak{M}\,\{2\,(- 0{,}0187)\} = - 0{,}037\,\mathfrak{M} \quad \text{usw.}$$

In Tabelle XXXVII sind die Knotenpunktsmomente namhaft gemacht; die Gleichgewichtsbedingungen $\Sigma M_r = 0$ sind in den einzelnen Knoten erfüllt.

II. Geschlossene symmetrische Rechteckrahmen mit gleichmäßig verteilter Innen- oder Außenbelastung (Behälter).

§ 1. Aufstellung der Bestimmungsgleichungen.

Der in Abb. 78 dargestellte Rahmen ist n-fach statisch unbestimmt. Infolge der symmetrischen Lagerung sind alle $\mu = 0$.

Für den ersten Behälter lauten die Gleichungen:

$$\mathfrak{M}_{1-1'} = \frac{\omega_1 b^2}{12},$$

$$\mathfrak{M}_{1-2} = \mathfrak{M}_{2-1} = \frac{\omega_1 l_1^2}{12}.$$

Setzt man darin:

$$\frac{\omega_1 b^2}{12} = \mathfrak{M}_1', \qquad\qquad \frac{\omega_1 l_1^2}{12} = \mathfrak{M}_1$$

und

$$\mathfrak{M}_1' - \mathfrak{M}_1 = \tau_1,$$

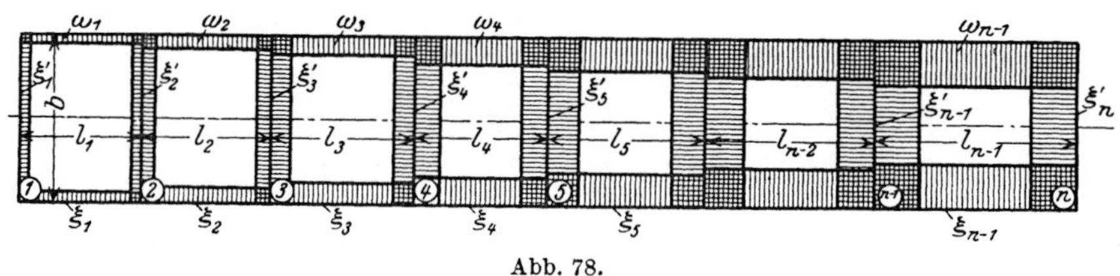

Abb. 78.

so erhält man analog für den zweiten Behälter:

$$\frac{\omega_2 b^2}{12} = \mathfrak{M}_2', \qquad\qquad \frac{\omega_2 l_2^2}{12} = \mathfrak{M}_2$$

und

$$\mathfrak{M}_2' - \mathfrak{M}_2 = \tau_2.$$

Allgemeiner:

(A) $$\mathfrak{M}_r' - \mathfrak{M}_r = \tau_r.$$

Die Momentengleichungen am Knotenpunkt *1* lauten:

$$\mathfrak{M}_{1-1'} = \xi_1'\{2\varphi_1 - \varphi_1\} + \mathfrak{M}_1',$$

$$\mathfrak{M}_{1-2} = \xi_1\{2\varphi_1 + \varphi_2\} - \mathfrak{M}_1.$$

Die Gleichgewichtsbedingung $\Sigma M_1 = 0$ liefert:

(1) $$\begin{cases} \varphi_1(\varrho_1) + \varphi_2\,\xi_1 = -\tau_1, \\ \text{worin} \\ \qquad (\varrho_1) = \varrho_1 - \xi_1', \\ \qquad \tau_1 = \mathfrak{M}_1' - \mathfrak{M}_1. \end{cases}$$

In analoger Weise lauten die Knotengleichungen:

am Knotenpunkt 2:

$$(2) \quad \begin{cases} \varphi_1\,\xi_1 + \varphi_2\,(\varrho_2) + \varphi_3\,\xi_2 + \tau_1 - \tau_2\,, \\ \text{worin} \\ \qquad (\varrho_2) = \varrho_2 - \xi_2'\,, \\ \qquad \tau_1 = \mathfrak{M}_1' - \mathfrak{M}_1\,, \qquad \tau_2 = \mathfrak{M}_2' - \mathfrak{M}_2\,, \end{cases}$$

am Knotenpunkt 3:

$$(3) \quad \begin{cases} \varphi_2\,\xi_2 + \varphi_3\,(\varrho_3) + \varphi_4\,\xi_3 = \tau_2 - \tau_3\,, \\ \text{worin} \\ \qquad (\varrho_3) = \varrho_3 - \xi_3'\,, \\ \qquad \tau_2 = \mathfrak{M}_2' - \mathfrak{M}_2\,, \qquad \tau_3 = \mathfrak{M}_3' - \mathfrak{M}_3\,, \end{cases}$$

am Knotenpunkt n:

$$(n) \quad \begin{cases} \varphi_{n-1}\,\xi_{n-1} + \varphi_n\,(\varrho_n) = \tau_{n-1}\,, \\ \text{worin} \\ \qquad (\varrho_n) = \varrho_n - \xi_n'\,, \\ \qquad \tau_{n-1} = \mathfrak{M}_{n-1}' - \mathfrak{M}_{n-1}\,, \end{cases}$$

allgemeiner:

am Knotenpunkt r:

$$(B) \quad \begin{cases} \varphi_{r-1}\,\xi_{r-1} + \varphi_r\,(\varrho_r) + \varphi_{r+1}\,\xi_r = \tau_{r-1} - \tau_r\,, \\ \text{worin} \\ \qquad (\varrho_r) = \varrho_r - \xi_r'\,, \\ \qquad \tau_{r-1} = \mathfrak{M}_{r-1}' - \mathfrak{M}_{r-1}\,, \qquad \tau_r = \mathfrak{M}_r' - \mathfrak{M}_r\,. \end{cases}$$

In Tabelle XXXVIII sind die vorliegenden Bestimmungsgleichungen übersichtlich angegeben und man bemerkt darin vollkommene Spiegelsymmetrie in bezug auf die diagonale (ϱ)-Linie und regelmäßige Anordnung von τ.

Tabelle XXXVIII.

Gleichung	Linke Seite der Gleichung								Rechte Seite der Gleichung
	φ_1	φ_2	φ_3	φ_4	φ_5	$\rightarrow$	φ_{n-1}	φ_n	
(1)	(ϱ_1)	ξ_1							$-\tau_1$
(2)	ξ_1	(ϱ_2)	ξ_2						$\tau_1-\tau_2$
(3)		ξ_2	(ϱ_3)	ξ_3					$\tau_2-\tau_3$
(4)			ξ_3	(ϱ_4)	ξ_4				$\tau_3-\tau_4$
$\downarrow$				$\searrow$	$\searrow$	$\searrow$			$\downarrow$
$(n-1)$						ξ_{n-2}	(ϱ_{n-1})	ξ_{n-1}	$\tau_{n-2}-\tau_{n-1}$
(n)							ξ_{n-1}	(ϱ_n)	τ_{n-1}

§ 2. Sonderfälle.

Sonderfall I. Gesucht sind die Knotenpunktsmomente an dem in Abb. 79 dargestellten Behälter.

Es sind dabei:

$$\tau_2 = \tau_3 = \tau_4 = \cdots = \tau_{n-1} = 0\,.$$

Damit erhält man aus Tabelle XXXVIII die folgende Tabelle XXXIX.

Tabelle XXXIX.

Gleichung	Linke Seite der Gleichung								Rechte Seite der Gleichung
	φ_1	φ_2	φ_3	φ_4	φ_5	$\rightarrow$	φ_{n-1}	φ_n	
(1)	(ϱ_1)	ξ_1							$-\tau_1$
(2)	ξ_1	(ϱ_2)	ξ_2						τ_1
(3)		ξ_2	(ϱ_3)	ξ_3					0
(4)			ξ_3	(ϱ_4)	ξ_4				0
$\downarrow$					$\searrow$				$\downarrow$
$(n-1)$						ξ_{n-2}	(ϱ_{n-1})	ξ_{n-1}	0
(n)							ξ_{n-1}	(ϱ_n)	0

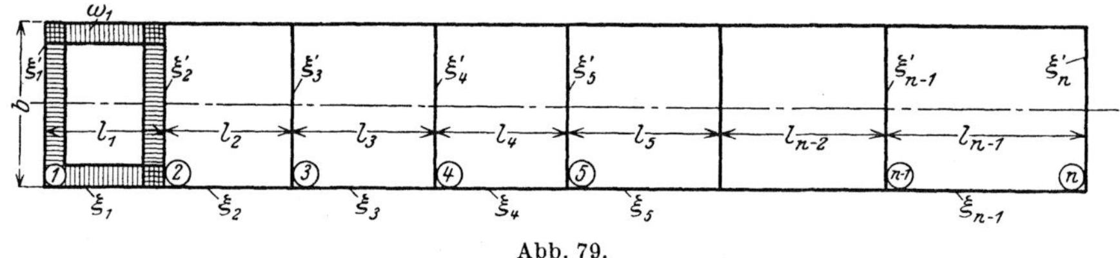

Abb. 79.

Aus Tabelle XXXIX kann man die n Unbekannten φ_1 bis φ_n durch das Iterationsverfahren I bestimmen.

Sonderfall II. Der in Abb. 80 dargestellte Rahmen ist ebenfalls n-fach statisch unbestimmt; die Unbekannten können aus Tabelle XL durch das Iterationsverfahren I bestimmt werden.

Tabelle XL.

Gleichung	Linke Seite der Gleichung								Rechte Seite der Gleichung
	φ_1	φ_2	φ_3	φ_4	φ_5	$\rightarrow$	φ_{n-1}	φ_n	
(1)	(ϱ_1)	ξ_1							0
(2)	ξ_1	(ϱ_2)	ξ_2						$-\tau_2$
(3)		ξ_2	(ϱ_3)	ξ_3					τ_2
(4)			ξ_3	(ϱ_4)	ξ_4				0
$\downarrow$					$\searrow$				$\downarrow$
$(n-1)$						ξ_{n-2}	(ϱ_{n-1})	ξ_{n-1}	0
(n)							ξ_{n-1}	(ϱ_n)	0

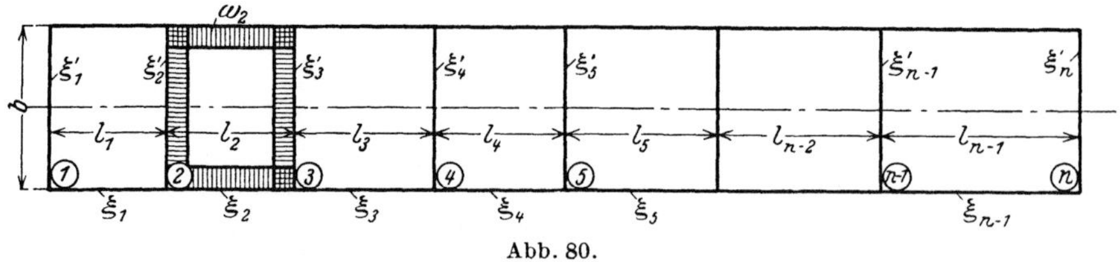

Abb. 80.

Sonderfall III. Es sollen die Knotenpunktsmomente nach dem in Abb. 81 dargestellten Behälter ermittelt werden.

Die rechte Seite der Gleichungen von Tabelle XXXVIII möge, wie folgt, umgeschrieben werden:

$$- \tau_1 = -(\mathfrak{M}_1' - \mathfrak{M}_1),$$
$$\tau_1 - \tau_2 = \mathfrak{M}_1' - \mathfrak{M}_1 - \mathfrak{M}_2' + \mathfrak{M}_2,$$
$$\tau_2 - \tau_3 = \mathfrak{M}_2' - \mathfrak{M}_2 - \mathfrak{M}_3' + \mathfrak{M}_3,$$
$$\vdots$$
$$\tau_{n-2} - \tau_{n-1} = \mathfrak{M}_{n-2}' - \mathfrak{M}_{n-2} = \mathfrak{M}_{n-1}' + \mathfrak{M}_{n-1},$$
$$\tau_{n-1} = \mathfrak{M}_{n-1}' - \mathfrak{M}_{n-1}.$$

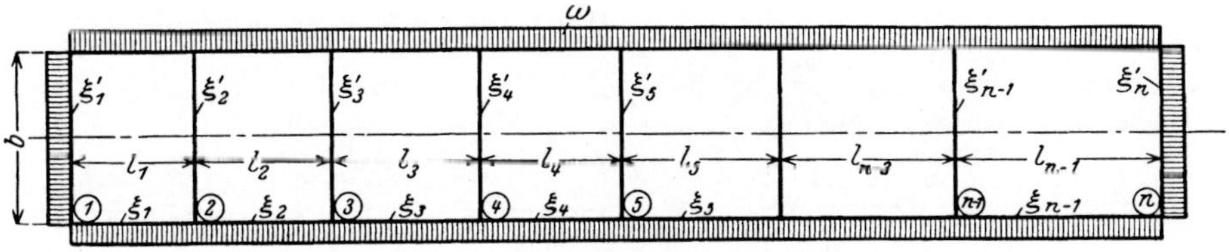

Abb. 81.

Da aber die Belastung hierbei von außen wirkt und gleichmäßig verteilt ist, so kann man den gegebenen Rahmen durch Einsetzung in Tabelle XXXVIII auf folgende Weise berechnen:

$$\mathfrak{M}_1' = \mathfrak{M}_2' = \mathfrak{M}_3' = \cdots = \mathfrak{M}_{n-1}' = -\mathfrak{M}_{(b)} = -\frac{\omega b^2}{12},$$

$$\mathfrak{M}_1 = -\mathfrak{M}_{(1)} = -\frac{\omega l_1^2}{12}, \qquad \mathfrak{M}_2 = -\mathfrak{M}_{(2)} = -\frac{\omega l_2^2}{12},$$

$$\mathfrak{M}_3 = -\mathfrak{M}_{(3)} = -\frac{\omega l_3^2}{12},$$

$$\vdots$$

$$\mathfrak{M}_{n-1} = -\mathfrak{M}_{(n-1)} = -\frac{\omega l_{n-1}^2}{12}.$$

Damit erhält man aus Tabelle XXXVIII die folgende Tabelle, die die n Unbekannten φ_1 bis φ_n bestimmen läßt (Tabelle XLI).

Tabelle XLI.

Gleichung	Linke Seite der Gleichung								Rechte Seite der Gleichung
	φ_1	φ_2	φ_3	φ_4	φ_5	$\rightarrow$	φ_{n-1}	φ_n	
(1)	(ϱ_1)	ξ_1							$\mathfrak{M}_{(b)} - \mathfrak{M}_{(1)}$
(2)	ξ_1	(ϱ_2)	ξ_2						$\mathfrak{M}_{(1)} - \mathfrak{M}_{(2)}$
(3)		ξ_2	(ϱ_3)	ξ_3					$\mathfrak{M}_{(2)} - \mathfrak{M}_{(3)}$
(4)			ξ_3	(ϱ_4)	ξ_4				$\mathfrak{M}_{(3)} - \mathfrak{M}_{(4)}$
$\downarrow$				$\searrow$	$\searrow$	$\searrow$			$\downarrow$
$(n-1)$						ξ_{n-2}	(ϱ_{n-1})	ξ_{n-1}	$\mathfrak{M}_{(n-2)} - \mathfrak{M}_{(n-1)}$
(n)							ξ_{n-1}	(ϱ_n)	$\mathfrak{M}_{(n-1)} - \mathfrak{M}_{(b)}$

§ 3. Zahlenbeispiel.

Gesucht sind die Knotenpunktsmomente an dem in Abb. 82 skizzierten Behälter. Aus den in Abb. 82 eingesetzten Zahlen berechnen sich:

$$\xi_1 = \xi_2 = \xi_3 = \cdots = \xi_7 = \frac{280}{280} = 1{,}0 \text{ cm}^3 \,,$$

$$\xi_1' = \xi_2' = \xi_3' = \cdots = \xi_8' = \frac{400}{400} = 1{,}0 \text{ cm}^3 \,,$$

somit ergeben sich:

$$(\varrho_1) = (\varrho_8) = 2\,(1{,}0 + 1{,}0) - 1{,}0 = 3{,}0 \text{ cm}^3 \,,$$

$$(\varrho_2) = (\varrho_3) = (\varrho_4) = \cdots = (\varrho_7) = 2\,(1{,}0 + 1{,}0 + 1{,}0) - 1{,}0 = 5{,}0 \text{ cm}^3 \,.$$

Mit diesen Werten erhält man aus Tabelle XXXIX die Tabelle XLII, welche die acht Unbekannten φ_1 bis φ_8 bestimmen läßt.

Tabelle XLII.

Gleichung	Linke Seite der Gleichung								Rechte Seite der Gleichung Multiplikator: τ_1
	φ_1	φ_2	φ_3	φ_4	φ_5	φ_6	φ_7	φ_8	
(1)	3	1							−1
(2)	1	5	1						+1
(3)		1	5	1					0
(4)			1	5	1				0
(5)				1	5	1			0
(6)					1	5	1		0
(7)						1	5	1	0
(8)							1	3	0

Aus Tabelle XLII ergeben sich durch das Iterationsverfahren I:

$$\varphi_1 = -\,0{,}433 \,,$$
$$\varphi_2 = \,0{,}299 \,,$$
$$\varphi_3 = -\,0{,}062 \,,$$
$$\varphi_4 = \,0{,}013 \,,$$
$$\varphi_5 = -\,0{,}0027 \,,$$
$$\varphi_6 = \,0{,}00056 \,,$$
$$\varphi_7 = -\,0{,}00012 \,,$$
$$\varphi_8 = \,0{,}00003 \,.$$

(Multiplikator: τ_1)

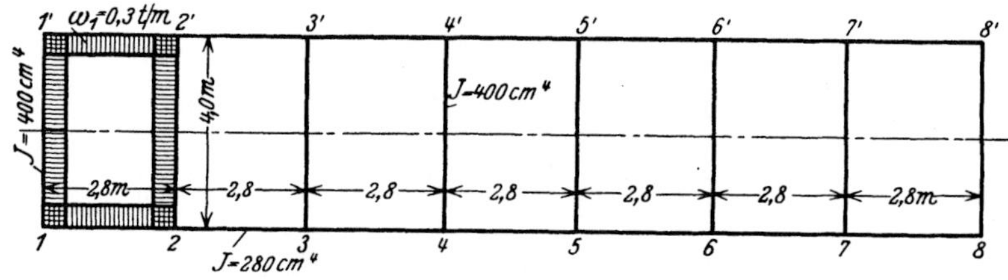

Abb. 82.

Mit den Näherungswerten erhält man:

am Knotenpunkt *1*:

$$M_{1-2} = 1{,}0 \,\{2\,(-\,0{,}433) + 0{,}299\}\,\tau_1 - \mathfrak{M}_1 \,,$$

worin

$$\mathfrak{M}_1 = \frac{\omega_1 l^2}{12} = \frac{0{,}3\,(2{,}8)^2}{12} = 0{,}196 \text{ t·m} = 19{,}6 \text{ t·cm} \,,$$

$$\tau_1 = \mathfrak{M}_1' - \mathfrak{M}_1 = \frac{0{,}3\,(4{,}0)^2}{12} - 0{,}196 = 0{,}204 \text{ t·m} = 20{,}4 \text{ t·cm} \,.$$

Damit folgt:

$$M_{1-2} = 1{,}0 \,\{2\,(-\,0{,}433) + 0{,}299\}\,(20{,}4) - 19{,}6 = -\,31{,}2 \text{ t·cm} \,,$$

$$M_{1-1'} = 1{,}0 \,\{2\,(-\,0{,}433) + 0{,}433\}\,(20{,}4) + 40 = 31{,}2 \text{ t·cm} \,.$$

Am Knotenpunkt *2* ergibt sich:

$$M_{2-3} = 1{,}0\,\{2\,(0{,}299) - 0{,}062\}\,(20{,}4) = 10{,}9\ \text{t·cm}\,,$$

$$M_{2-1} = 1{,}0\,\{2\,(0{,}299) - 0{,}433\}\,(20{,}4) + 19{,}6 = 23{,}0\ \text{t·cm}\,,$$

$$M_{2-2'} = 1{,}0\,\{2\,(0{,}299) - 0{,}299\}\,(20{,}4) - 40{,}0 = 33{,}9\ \text{t·cm}\,,$$

am Knotenpunkt *3*:

$$M_{3-4} = 1{,}0\,\{2\,(-0{,}062) + 0{,}013\}\,(20{,}4) = -2{,}3\ \text{t·cm}\,,$$

$$M_{3-2} = 1{,}0\,\{2\,(-0{,}062) + 0{,}299\}\,(20{,}4) = 3{,}6\ \text{t·cm}\,,$$

$$M_{3-3'} = 1{,}0\,\{2\,(-0{,}062) + 0{,}062\}\,(20{,}4) = -1{,}3\ \text{t·cm}\,,$$

am Knotenpunkt *4*:

$$M_{4-5} = 1{,}0\,\{2\,(0{,}013) - 0{,}0027\}\,(20{,}4) = 0{,}47\ \text{t·cm}\,,$$

$$M_{4-3} = 1{,}0\,\{2\,(0{,}013) - 0{,}062\}\,(20{,}4) = -0{,}73\ \text{t·cm}\,,$$

$$M_{4-4'} = 1{,}0\,\{2\,(0{,}013) - 0{,}013\}\,(20{,}4) = 0{,}26\ \text{t·cm}\,,$$

am Knotenpunkt *5*:

$$M_{5-6} = 1{,}0\,\{2\,(-0{,}0027) + 0{,}00056\}\,(20{,}4) = -0{,}10\ \text{t·cm}\,,$$

$$M_{5-4} = 1{,}0\,\{2\,(-0{,}0027) + 0{,}013\}\,(20{,}4) = 0{,}16\ \text{t·cm}\,,$$

$$M_{5-5'} = 1{,}0\,\{2\,(-0{,}0027) + 0{,}0027\}\,(20{,}4) = -0{,}06\ \text{t·cm}\,,$$

am Knotenpunkt *6*:

$$M_{6-7} = 1{,}0\,\{2\,(0{,}00056) - 0{,}00012\}\,(20{,}4) = 0{,}02\ \text{t·cm}\,,$$

$$M_{6-5} = 1{,}0\,\{2\,(0{,}00056) - 0{,}0027\}\,(20{,}4) = -0{,}03\ \text{t·cm}\,,$$

$$M_{6-6'} = 1{,}0\,\{2\,(0{,}00056) - 0{,}00056\}\,(20{,}4) = 0{,}01\ \text{t·cm}\,,$$

am Knotenpunkt *7*:

$$M_{7-8} = 1{,}0\,\{2\,(-0{,}00012) + 0{,}00004\}\,(20{,}4) = -0{,}0041\ \text{t·cm}\,,$$

$$M_{7-6} = 1{,}0\,\{2\,(-0{,}00012) + 0{,}00056\}\,(20{,}4) = 0{,}0065\ \text{t·cm}\,,$$

$$M_{7-7'} = 1{,}0\,\{2\,(-0{,}00012) + 0{,}00012\}\,(20{,}4) = -0{,}0024\ \text{t·cm}\,,$$

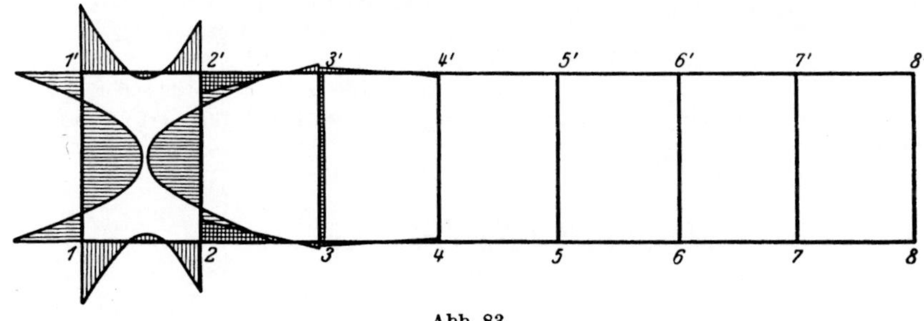

Abb. 83.

am Knotenpunkt *8*:

$$M_{8-7} = 1{,}0\,\{2\,(0{,}00004) - 0{,}00012\}\,(20{,}4) = -0{,}0008\ \text{t·cm}\,,$$

$$M_{8-8'} = 1{,}0\,\{2\,(0{,}00004) - 0{,}00004\}\,(20{,}4) = 0{,}0008\ \text{t·cm}\,.$$

Mit diesen Rechnungsergebnissen sind die Biegungsmomente in Abb. 83 eingetragen.

Zweiter Abschnitt.

Tabellarische Momentenübersicht für Rahmen mit ξ von demselben Wert.

Vorbemerkungen zur Anwendung der Momententabellen.

In diesem Abschnitt werden die Rechnungsergebnisse von Knotenmomenten für Rahmen mit ξ von demselben Wert tabellenförmig angegeben.

Die Arbeit umfaßt:

in Kapitel I die symmetrischen Rahmen mit beliebigen symmetrischen bzw. vertikalen Belastungssystemen auf den Balken[1],

in Kapitel II die symmetrischen Rahmen mit waagerechter Einzellast in dem Knotenpunkt auf der vertikalen linken Seite des Rahmengebildes.

Als Zahlenbeispiel zur Anwendung der Momententabellen möge im nachfolgenden die Berechnung verschiedener Stockwerkrahmen mit verschiedenen Belastungssystemen vorgeführt werden.

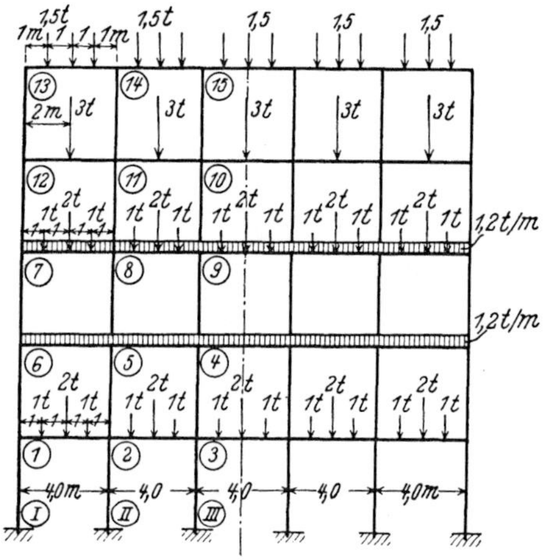

a) Beispiel zu Kapitel I.

Gesucht sind die Knotenpunktsmomente nach dem in Abb. 84 skizzierten Rahmen, der auf den Balken vertikale, symmetrische, wie in Abb. 84 dargestellte Belastungen trägt.

Abb. 84.

Das Beispiel kann durch Zusammenlegung der in Abb. 85 bis 89 skizzierten fünf Rahmenbeispiele berechnet werden.

Mit Bezug auf Abb. 85 erhält man aus Tabelle I b

$$\mathfrak{M} = \frac{5}{16} P l = \frac{5}{16}(1{,}5)(4{,}0) = 1{,}875 \ \text{t} \cdot \text{m}$$

---

[1] Für Rahmen mit ξ von demselben Wert können folgende Ausdrücke als Grundgleichungen für Knotenpunktsmomente sich als nutzbringend erweisen:

$$M_{ks} = 2\,\varphi_k + \varphi_s + \mu_{ks} - \mathfrak{M}_{ks},$$

$$M_{sk} = 2\,\varphi_s + \varphi_k + \mu_{ks} + \mathfrak{M}_{sk},$$

worin

$$\varphi_k = 2\,E\,\xi\,\vartheta_k, \qquad \varphi_s = 2\,E\,\xi\,\vartheta_s,$$

$$\mu_{ks} = -\,6\,E\,\xi\,\varPsi_{ks}.$$

Im allgemeinen ist es das letzte Erfordernis, die Knotenpunktsmomente zu finden, und dafür können statt φ und μ in Gl. (I) im ersten Abschnitt die vorstehenden Unbekannten φ und μ gute Dienste leisten.

und aus der Momententabelle 54 ergibt sich:

am Knotenpunkt *1*:

$$M^{(a)}_{1-2} = 0{,}0005\,\mathfrak{M} = 0{,}0005\,(1{,}875) = 0{,}00094\ \text{t}\cdot\text{m}\,,$$

$$M^{(a)}_{1-6} = -0{,}0011\,\mathfrak{M} = -0{,}0011\,(1{,}875) = -0{,}00206\ \text{t}\cdot\text{m}\,,$$

$$M^{(a)}_{1-\mathrm{I}} = 0{,}0006\,\mathfrak{M} = 0{,}0006\,(1{,}875) = 0{,}00113\ \text{t}\cdot\text{m}\,,$$

am Knotenpunkt *2*:

$$M^{(a)}_{2-1} = 0{,}00005\,\mathfrak{M} = 0{,}00005\,(1{,}875) = 0{,}00009\ \text{t}\cdot\text{m}\,,$$

$$M^{(a)}_{2-3} = -0{,}00019\,\mathfrak{M} = -0{,}00019\,(1{,}875) = -0{,}00036\ \text{t}\cdot\text{m}\,,$$

$$M^{(a)}_{2-5} = 0{,}00038\,\mathfrak{M} = 0{,}00038\,(1{,}875) = 0{,}00071\ \text{t}\cdot\text{m}\,,$$

$$M^{(a)}_{2-\mathrm{II}} = -0{,}00025\,\mathfrak{M} = -0{,}00025\,(1{,}875) = -0{,}00047\ \text{t}\cdot\text{m}\ \ \text{usw.}$$

Mit Bezug auf Abb. 86 erhält man aus Tabelle I b

$$\mathfrak{M} = \frac{Pl}{8} = \frac{3\,(4{,}0)}{8} = 1{,}5\ \text{t}\cdot\text{m}\,;$$

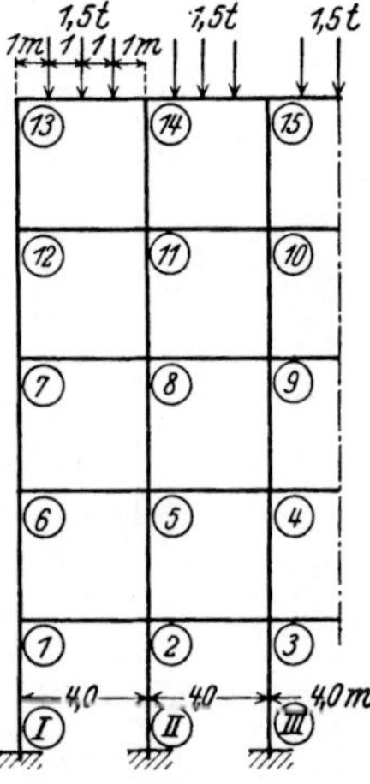

Abb. 85.

die Momententabelle 55 zeigt, daß

am Knotenpunkt *1*:

$$M^{(b)}_{1-2} = -0{,}0018\,\mathfrak{M} = -0{,}0018\,(1{,}5) = -0{,}00270\ \text{t}\cdot\text{m}\,,$$

$$M^{(b)}_{1-6} = 0{,}0039\,\mathfrak{M} = 0{,}0039\,(1{,}5) = 0{,}00585\ \text{t}\cdot\text{m}\,;$$

$$M^{(b)}_{1-\mathrm{I}} = -0{,}0021\,\mathfrak{M} = -0{,}0021\,(1{,}5) = -0{,}00315\ \text{t}\cdot\text{m}\,,$$

am Knotenpunkt *2*:

$$M^{(b)}_{2-1} = -0{,}0003\,\mathfrak{M} = -0{,}0003\,(1{,}5) = -0{,}00045\ \text{t}\cdot\text{m}\,,$$

$$M^{(b)}_{2-3} = 0{,}0006\,\mathfrak{M} = 0{,}0006\,(1{,}5) = 0{,}00090\ \text{t}\cdot\text{m}\,,$$

$$M^{(b)}_{2-5} = -0{,}0011\,\mathfrak{M} = -0{,}0011\,(1{,}5) = -0{,}00165\ \text{t}\cdot\text{m}\,,$$

$$M^{(b)}_{2-\mathrm{II}} = 0{,}0008\,\mathfrak{M} = 0{,}0008\,(1{,}5) = 0{,}00120\ \text{t}\cdot\text{m}\ \ \text{usw.}$$

Mit Bezug auf Abb. 87 erhält man aus Tabelle I b:

$$\mathfrak{M} = \frac{g\,l^2}{12} + \frac{(a+b)}{l^2}\{2P_1 a(a+2b) + P_2(a+b)^2\}$$

$$= \frac{1{,}2\,(4{,}0)^2}{12} + \frac{2}{(4{,}0)^2}\{2(3) + 2(2)^2\} = 3{,}35\ \text{t}\cdot\text{m}$$

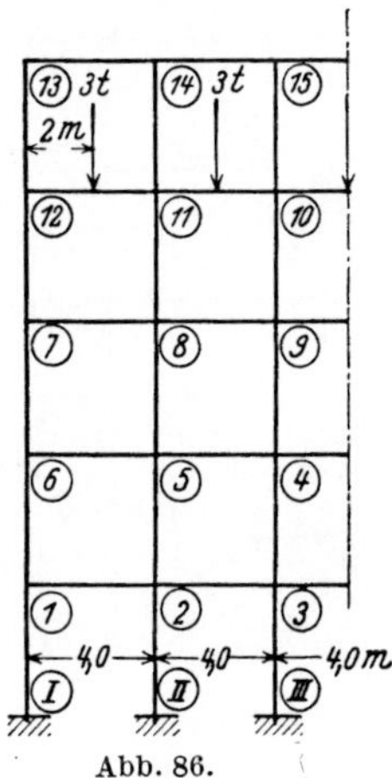

Abb. 86.

und aus der Momententabelle 56 läßt sich ablesen

am Knotenpunkt *1*:

$$M^{(c)}_{1-2} = 0{,}0097\,\mathfrak{M} = 0{,}0097\,(3{,}35) = 0{,}03250\ \text{t}\cdot\text{m}\,,$$

$$M^{(c)}_{1-6} = -0{,}0211\,\mathfrak{M} = -0{,}0211\,(3{,}35) = -0{,}07069\ \text{t}\cdot\text{m}\,,$$

$$M^{(c)}_{1-\mathrm{I}} = 0{,}0114\,\mathfrak{M} = 0{,}0114\,(3{,}35) = 0{,}03819\ \text{t}\cdot\text{m}\,,$$

am Knotenpunkt *2*:

$$M^{(c)}_{2-1} = 0{,}0023\,\mathfrak{M} = 0{,}0023\,(3{,}35) = 0{,}00771\ \text{t}\cdot\text{m}\,,$$

$$M^{(c)}_{2-3} = -0{,}0030\,\mathfrak{M} = -0{,}0030\,(3{,}35) = -0{,}01005\ \text{t}\cdot\text{m}\,,$$

$$M^{(c)}_{2-5} = 0{,}0042\,\mathfrak{M} = 0{,}0042\,(3{,}35) = 0{,}01407\ \text{t}\cdot\text{m}\,,$$

$$M^{(c)}_{2-\mathrm{II}} = -0{,}0035\,\mathfrak{M} = -0{,}0035\,(3{,}35) = -0{,}01173\ \text{t}\cdot\text{m}\ \ \text{usw.}$$

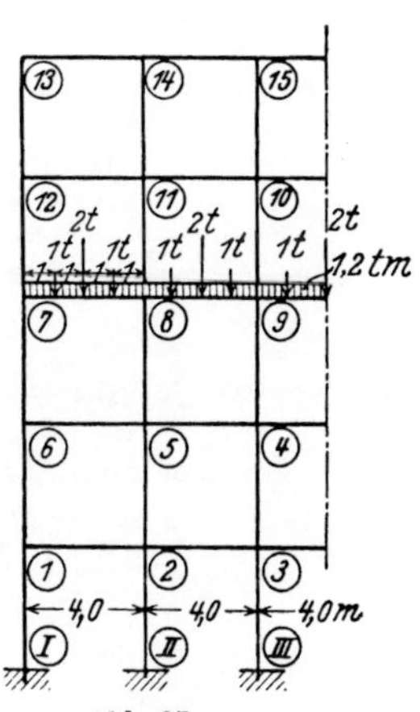

Abb. 87.

Nach Abb. 88 erhält man aus Tabelle Ib:

$$M = \frac{g\,l^2}{12} = \frac{1,2\,(4,0)^2}{12} = 1,6\ \text{t}\cdot\text{m}$$

und aus der Momententabelle 57:

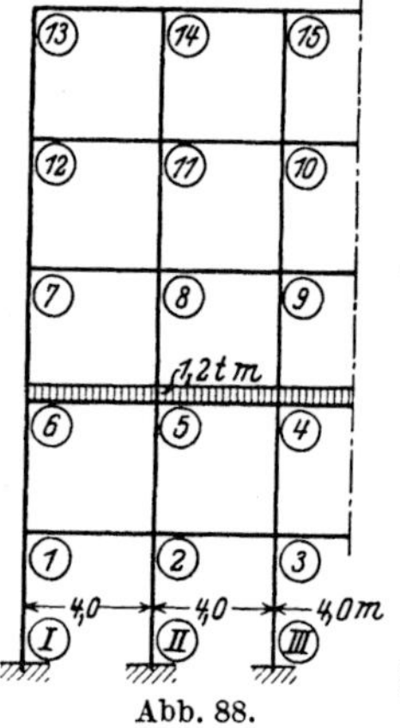

Abb. 88.

am Knotenpunkt *1*:

$$M^{(d)}_{1-2} = -\,0,0557\,\mathfrak{M} = -\,0,0557\,(1,6) = -\,0,08912\ \text{t}\cdot\text{m},$$
$$M^{(d)}_{1-6} = 0,1186\,\mathfrak{M} = 0,1186\,(1,6) = 0,18976\ \text{t}\cdot\text{m},$$
$$M^{(d)}_{1-\text{I}} = -\,0,0629\,\mathfrak{M} = -\,0,0629\,(1,6) = -\,0,10064\ \text{t}\cdot\text{m}$$

am Knotenpunkt *2*:

$$M^{(d)}_{2-1} = -\,0,0169\,\mathfrak{M} = -\,0,0169\,(1,6) = -\,0,02704\ \text{t}\cdot\text{m},$$
$$M^{(d)}_{2-3} = 0,0129\,\mathfrak{M} = 0,0129\,(1,6) = 0,02064\ \text{t}\cdot\text{m},$$
$$M^{(d)}_{2-5} = -\,0,0105\,\mathfrak{M} = -\,0,0105\,(1,6) = -\,0,01680\ \text{t}\cdot\text{m},$$
$$M^{(d)}_{2-\text{II}} = 0,0145\,\mathfrak{M} = 0,0145\,(1,6) = 0,02320\ \text{t}\cdot\text{m}\qquad\text{usw.}$$

Gemäß Abb. 89 erhält man aus Tabelle Ib:

$$\mathfrak{M} = \frac{(a+b)}{l^2}\{2P_1\,a\,(a+2b) + P_2\,(a+b)^2\}$$

$$= \frac{2}{(4)^2}\{2\,(3) + 2\,(2)^2\} = 1,75\ \text{t}\cdot\text{m}$$

und aus der Momententabelle 58 ergibt sich:

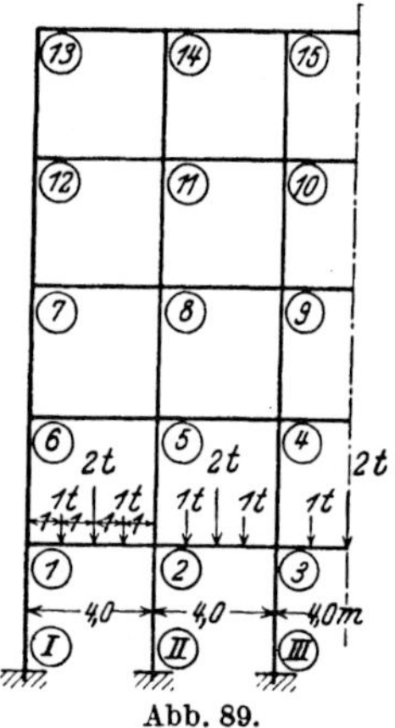

Abb. 89.

am Knotenpunkt *1*:

$$M^{(e)}_{1-2} = -\,0,6717\,\mathfrak{M} = -\,0,6717\,(1,75) = -\,1,17548\ \text{t}\cdot\text{m},$$
$$M^{(e)}_{1-6} = 0,3201\,\mathfrak{M} = 0,3201\,(1,75) = 0,56018\ \text{t}\cdot\text{m},$$
$$M^{(e)}_{1-\text{I}} = 0,3516\,\mathfrak{M} = 0,3516\,(1,75) = 0,61530\ \text{t}\cdot\text{m},$$

am Knotenpunkt *2*:

$$M^{(e)}_{2-1} = 1,1291\,\mathfrak{M} = 1,1291\,(1,75) = 1,97593\ \text{t}\cdot\text{m},$$
$$M^{(e)}_{2-3} = -\,1,0431\,\mathfrak{M} = -\,1,0431\,(1,75) = -\,1,82543\ \text{t}\cdot\text{m},$$
$$M^{(e)}_{2-5} = -\,0,0394\,\mathfrak{M} = -\,0,0394\,(1,75) = -\,0,06895\ \text{t}\cdot\text{m},$$
$$M^{(e)}_{2-\text{II}} = -\,0,0467\,\mathfrak{M} = -\,0,0467\,(1,75) = -\,0,08173\ \text{t}\cdot\text{m}\qquad\text{usw.}$$

Damit wird durch die Zusammenlegung der vorliegenden fünf einzelnen Fälle:

am Knotenpunkt *1* (Abb. 84):

$$M_{1-2} = M^{(a)}_{1-2} + M^{(b)}_{1-2} + M^{(c)}_{1-2} + M^{(d)}_{1-2} + M^{(e)}_{1-2} = \sum_{n=a}^{e} M^{(n)}_{1-2}$$

$$= 0,00094 - 0,00270 + 0,03250 - 0,08912 - 1,17548 = -\,1,23\ \text{t}\cdot\text{m},$$

$$M_{1-6} = \sum_{n=a}^{e} M^{(n)}_{1-6} = -\,0,00206 + 0,00585 - 0,07069 + 0,18976 + 0,56018 = 0,68\ \text{t}\cdot\text{m},$$

$$M_{1-\text{I}} = \sum_{n=a}^{e} M^{(n)}_{1-\text{I}} = 0,00113 - 0,00315 + 0,03819 - 0,10064 + 0,61530 = 0,55\ \text{t}\cdot\text{m},$$

am Knotenpunkt *2* (Abb. 84):

$$M_{2-1} = \sum_{n=a}^{e} M^{(n)}_{2-1} = 0,00009 - 0,00045 + 0,00771 - 0,02704 + 1,97593 = 1,95\ \text{t}\cdot\text{m},$$

$$M_{2-3} = \sum_{n=a}^{e} M^{(n)}_{2-3} = -\,0,00036 + 0,00090 - 0,01005 + 0,02064 - 1,82543 = -\,1,81\ \text{t}\cdot\text{m},$$

$$M_{2-5} = \sum_{n=a}^{e} M_{2-5}^{(n)} = 0{,}00071 - 0{,}00165 + 0{,}01407 - 0{,}01680 - 0{,}06895 = -0{,}07 \; \text{t} \cdot \text{m},$$

$$M_{2-\text{II}} = \sum_{n=a}^{e} M_{2-\text{II}}^{(n)} = -0{,}00047 + 0{,}00120 - 0{,}01173 + 0{,}02320 - 0{,}08173 = -0{,}07 \; \text{t} \cdot \text{m}.$$

In analoger Weise wird

am Knotenpunkt *3*:

$$M_{3-3'} = -1{,}74 \; \text{t} \cdot \text{m}, \qquad M_{3-2} = 1{,}7 \; \text{t} \cdot \text{m},$$
$$M_{3-4} = 0{,}02 \; \text{t} \cdot \text{m}, \qquad M_{3-\text{III}} = 0{,}01 \; \text{t} \cdot \text{m},$$

am Knotenpunkt *4*:

$$M_{4-4'} = -1{,}60 \; \text{t} \cdot \text{m}, \qquad M_{4-5} = 1{,}59 \; \text{t} \cdot \text{m},$$
$$M_{4-9} = 0{,}01 \; \text{t} \cdot \text{m}, \qquad M_{4-3} = 0{,}002 \; \text{t} \cdot \text{m}.$$

am Knotenpunkt *5*:

$$M_{5-4} = -1{,}61 \; \text{t} \cdot \text{m}, \qquad M_{5-6} = 1{,}73 \; \text{t} \cdot \text{m},$$
$$M_{5-8} = -0{,}08 \; \text{t} \cdot \text{m}, \qquad M_{5-2} = -0{,}04 \; \text{t} \cdot \text{m},$$

am Knotenpunkt *6*:

$$M_{6-5} = -1{,}34 \; \text{t} \cdot \text{m}, \qquad M_{6-7} = 0{,}80 \; \text{t} \cdot \text{m},$$
$$M_{6-1} = 0{,}54 \; \text{t} \cdot \text{m},$$

am Knotenpunkt *7*:

$$M_{7-8} = -2{,}4 \; \text{t} \cdot \text{m}, \qquad M_{7-12} = 1{,}2 \; \text{t} \cdot \text{m},$$
$$M_{7-6} = 1{,}2 \; \text{t} \cdot \text{m},$$

am Knotenpunkt *8*:

$$M_{8-9} = -3{,}48 \; \text{t} \cdot \text{m}, \qquad M_{8-7} = 3{,}75 \; \text{t} \cdot \text{m},$$
$$M_{8-11} = -0{,}13 \; \text{t} \cdot \text{m}, \qquad M_{8-5} = -0{,}14 \; \text{t} \cdot \text{m},$$

am Knotenpunkt *9*:

$$M_{9-9'} = -3{,}3 \; \text{t} \cdot \text{m}, \qquad M_{9-8} = 3{,}28 \; \text{t} \cdot \text{m},$$
$$M_{9-10} = 0{,}02 \; \text{t} \cdot \text{m}, \qquad M_{9-4} = 0{,}01 \; \text{t} \cdot \text{m},$$

am Knotenpunkt *10*:

$$M_{10-10'} = -1{,}51 \; \text{t} \cdot \text{m}, \qquad M_{10-11} = 1{,}50 \; \text{t} \cdot \text{m},$$
$$M_{10-15} = 0{,}01 \; \text{t} \cdot \text{m}, \qquad M_{10-9} = 0{,}00 \; \text{t} \cdot \text{m},$$

am Knotenpunkt *11*:

$$M_{11-10} = -1{,}49 \; \text{t} \cdot \text{m}, \qquad M_{11-12} = 1{,}60 \; \text{t} \cdot \text{m},$$
$$M_{11-14} = -0{,}06 \; \text{t} \cdot \text{m}, \qquad M_{11-8} = -0{,}05 \; \text{t} \cdot \text{m},$$

am Knotenpunkt *12*:

$$M_{12-11} = -1{,}33 \; \text{t} \cdot \text{m}, \qquad M_{12-13} = 0{,}63 \; \text{t} \cdot \text{m},$$
$$M_{12-7} = 0{,}69 \; \text{t} \cdot \text{m},$$

am Knotenpunkt *13*:

$$M_{13-14} = -1{,}02 \; \text{t} \cdot \text{m}, \qquad M_{13-12} = 1{,}02 \; \text{t} \cdot \text{m},$$

am Knotenpunkt *14*:

$$M_{14-15} = -2{,}02 \; \text{t} \cdot \text{m}, \qquad M_{14-13} = 2{,}18 \; \text{t} \cdot \text{m},$$
$$M_{14-11} = -0{,}16 \; \text{t} \cdot \text{m},$$

am Knotenpunkt *15*:

$$M_{15-15'} = -1{,}86 \; \text{t} \cdot \text{m}, \qquad M_{15-14} = 1{,}83 \; \text{t} \cdot \text{m},$$
$$M_{15-10} = 0{,}03 \; \text{t} \cdot \text{m},$$

am eingespannten Punkt:

$$M_{\text{I}-1} = 0{,}28 \; \text{t} \cdot \text{m}, \qquad M_{\text{II}-2} = -0{,}06 \; \text{t} \cdot \text{m},$$
$$M_{\text{III}-3} = 0{,}005 \; \text{t} \cdot \text{m}.$$

Die Gleichgewichtsbedingungen $\Sigma M_r = 0$ sind in den einzelnen Knoten bis auf geringfügige Abweichungen erfüllt.

Mit diesen Werten sind in Abb. 90 die Biegungsmomente eingetragen.

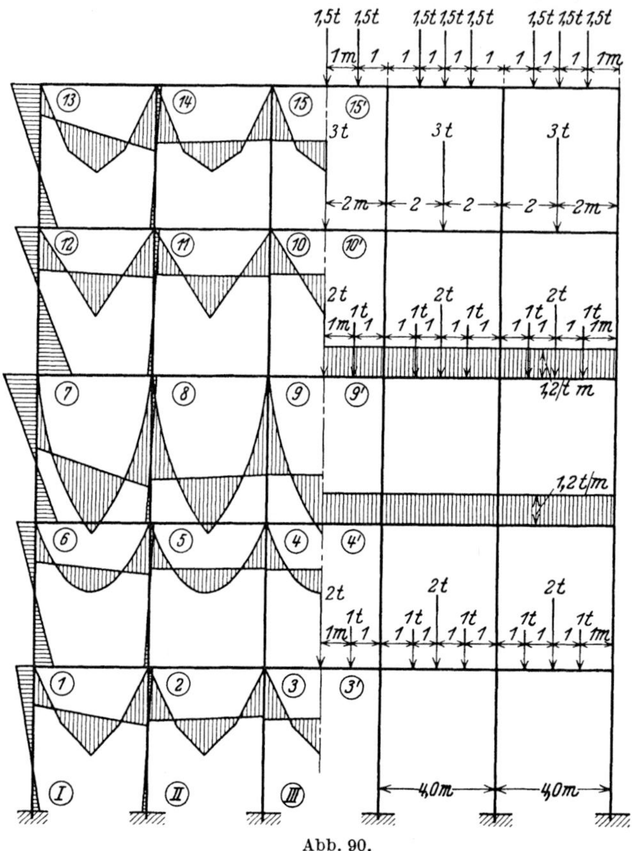

Abb. 90.

Damit sind auch die verschiedenen symmetrischen, vertikalen Belastungssysteme fünfgeschossiger Rahmen mit fünf gleichen Feldweiten durch die Anwendung der Momententabellen bei verhältnismäßig geringem Rechnungsaufwand erledigt.

b) Beispiel zu Kapitel II.

Als Zahlenbeispiel zur Anwendung der Momententabellen in Kapitel II möge im folgenden die Berechnung des in Abb. 91 dargestellten Rahmens vorgeführt werden. Er trägt eine waagerechte Einzellast in jedem Knotenpunkt auf seiner linken, vertikalen Seite.

Das Beispiel wird aus der

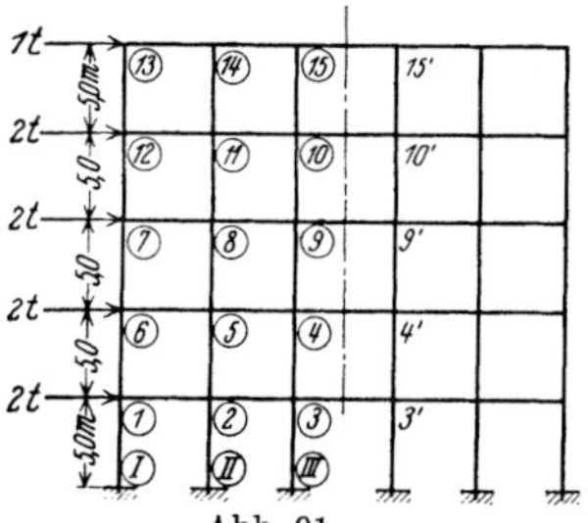

Abb. 91.

Momententabelle 95 sehr leicht berechnet. Mit Bezug auf Abb. 91 ergibt sich:

$$\frac{W \cdot h}{2} = \frac{2 \cdot (5,0)}{2} = 5,0 \ \text{t·m}$$

und aus der Momententabelle 95 erhält man
am Knotenpunkt *1*:

$$M_{1-2} = \ \ \ 0,85 \frac{W \cdot h}{2} = \ \ \ 0,85 \ (5,0) = \ \ \ 4,25 \ \text{t·m},$$

$$M_{1-6} = -\ 0,37 \frac{W \cdot h}{2} = -\ 0,37 \ (5,0) = -\ 1,85 \ \text{t·m},$$

$$M_{1-\text{I}} = -\ 0,48 \frac{W \cdot h}{2} = -\ 0,48 \ (5,0) = -\ 2,40 \ \text{t·m},$$

am Knotenpunkt *2*:

$$M_{2-1} = \ \ \ 0,74 \frac{W \cdot h}{2} = \ \ \ 0,74 \ (5,0) = \ \ \ 3,70 \ \text{t·m},$$

$$M_{2-3} = \ \ \ 0,64 \frac{W \cdot h}{2} = \ \ \ 0,64 \ (5,0) = \ \ \ 3,20 \ \text{t·m},$$

$$M_{2-5} = -\ 0,67 \frac{W \cdot h}{2} = -\ 0,67 \ (5,0) = -\ 3,35 \ \text{t·m},$$

$$M_{2-\text{II}} = -\ 0,71 \frac{W \cdot h}{2} = -\ 0,71 \ (5,0) = -\ 3,55 \ \text{t·m},$$

am Knotenpunkt *3*:

$$M_{3-2} = 0{,}65\,\frac{W\cdot h}{2} = 0{,}65\,(5{,}0) = 3{,}25\,\mathrm{t\cdot m}\,,$$

$$M_{3-3'} = 0{,}67\,\frac{W\cdot h}{2} = 0{,}67\,(5{,}0) = 3{,}35\,\mathrm{t\cdot m}\,,$$

$$M_{3-4} = -\,0{,}64\,\frac{W\cdot h}{2} = -\,0{,}64\,(5{,}0) = -\,3{,}20\,\mathrm{t\cdot m}\,,$$

$$M_{3-\mathrm{III}} = -\,0{,}68\,\frac{W\cdot h}{2} = -\,0{,}68\,(5{,}0) = -\,3{,}40\,\mathrm{t\cdot m}\,,$$

am Knotenpunkt *4*:

$$M_{4-4'} = 0{,}56\,\frac{W\cdot h}{2} = 0{,}56\,(5{,}0) = 2{,}80\,\mathrm{t\cdot m}\,,$$

$$M_{4-5} = 0{,}56\,\frac{W\cdot h}{2} = 0{,}56\,(5{,}0) = 2{,}80\,\mathrm{t\cdot m}\,,$$

$$M_{4-3} = -\,0{,}68\,\frac{W\cdot h}{2} = -\,0{,}68\,(5{,}0) = -\,3{,}40\,\mathrm{t\cdot m}\,,$$

$$M_{4-9} = -\,0{,}44\,\frac{W\cdot h}{2} = -\,0{,}44\,(5{,}0) = -\,2{,}20\,\mathrm{t\cdot m}\,,$$

am Knotenpunkt *5*:

$$M_{5-4} = 0{,}55\,\frac{W\cdot h}{2} = 0{,}55\,(5{,}0) = 2{,}75\,\mathrm{t\cdot m}\,,$$

$$M_{5-6} = 0{,}62\,\frac{W\cdot h}{2} = 0{,}62\,(5{,}0) = 3{,}10\,\mathrm{t\cdot m}\,,$$

$$M_{5-8} = -\,0{,}46\,\frac{W\cdot h}{2} = -\,0{,}46\,(5{,}0) = -\,2{,}30\,\mathrm{t\cdot m}\,,$$

$$M_{5-2} = -\,0{,}70\,\frac{W\cdot h}{2} = -\,0{,}70\,(5{,}0) = -\,3{,}50\,\mathrm{t\cdot m}\,,$$

am Knotenpunkt *6*:

$$M_{6-5} = 0{,}69\,\frac{W\cdot h}{2} = 0{,}69\,(5{,}0) = 3{,}45\,\mathrm{t\cdot m}\,,$$

$$M_{6-7} = -\,0{,}25\,\frac{W\cdot h}{2} = -\,0{,}25\,(5{,}0) = -\,1{,}25\,\mathrm{t\cdot m}\,,$$

$$M_{6-1} = -\,0{,}44\,\frac{W\cdot h}{2} = -\,0{,}44\,(5{,}0) = -\,2{,}20\,\mathrm{t\cdot m}\,,$$

am Knotenpunkt *7*:

$$M_{7-8} = 0{,}47\,\frac{W\cdot h}{2} = 0{,}47\,(5{,}0) = 2{,}35\,\mathrm{t\cdot m}\,,$$

$$M_{7-12} = -\,0{,}13\,\frac{W\cdot h}{2} = -\,0{,}13\,(5{,}0) = -\,0{,}65\,\mathrm{t\cdot m}\,,$$

$$M_{7-6} = -\,0{,}34\,\frac{W\cdot h}{2} = -\,0{,}34\,(5{,}0) = -\,1{,}70\,\mathrm{t\cdot m}\,,$$

am Knotenpunkt *8*:

$$M_{8-9} = 0{,}37\,\frac{W\cdot h}{2} = 0{,}37\,(5{,}0) = 1{,}85\,\mathrm{t\cdot m}\,,$$

$$M_{8-7} = 0{,}42\,\frac{W\cdot h}{2} = 0{,}42\,(5{,}0) = 2{,}10\,\mathrm{t\cdot m}\,,$$

$$M_{8-11} = -\,0{,}27\,\frac{W\cdot h}{2} = -\,0{,}27\,(5{,}0) = -\,1{,}35\,\mathrm{t\cdot m}\,,$$

$$M_{8-5} = -\,0{,}52\,\frac{W\cdot h}{2} = -\,0{,}52\,(5{,}0) = -\,2{,}60\,\mathrm{t\cdot m}\,,$$

am Knotenpunkt *9*:

$$M_{9-9'} = \quad 0{,}38 \, \frac{W \cdot h}{2} = \quad 0{,}38 \, (5{,}0) = \quad 1{,}90 \, \text{t} \cdot \text{m} \, ,$$

$$M_{9-8} = \quad 0{,}37 \, \frac{W \cdot h}{2} = \quad 0{,}37 \, (5{,}0) = \quad 1{,}85 \, \text{t} \cdot \text{m} \, ,$$

$$M_{9-10} = -\, 0{,}25 \, \frac{W \cdot h}{2} = -\, 0{,}25 \, (5{,}0) = -\, 1{,}25 \, \text{t} \cdot \text{m} \, ,$$

$$M_{9-4} = -\, 0{,}50 \, \frac{W \cdot h}{2} = -\, 0{,}50 \, (5{,}0) = -\, 2{,}50 \, \text{t} \cdot \text{m} \, ,$$

am Knotenpunkt *10*:

$$M_{10-10'} = \quad 0{,}20 \, \frac{W \cdot h}{2} = \quad 0{,}20 \, (5{,}0) = \quad 1{,}0 \quad \text{t} \cdot \text{m} \, ,$$

$$M_{10-11} = \quad 0{,}19 \, \frac{W \cdot h}{2} = \quad 0{,}19 \, (5{,}0) = \quad 0{,}95 \, \text{t} \cdot \text{m} \, ,$$

$$M_{10-15} = -\, 0{,}08 \, \frac{W \cdot h}{2} = -\, 0{,}08 \, (5{,}0) = -\, 0{,}40 \, \text{t} \cdot \text{m} \, ,$$

$$M_{10-9} = -\, 0{,}31 \, \frac{W \cdot h}{2} = -\, 0{,}31 \, (5{,}0) = -\, 1{,}55 \, \text{t} \cdot \text{m} \, ,$$

am Knotenpunkt *11*:

$$M_{11-10} = \quad 0{,}19 \, \frac{W \cdot h}{2} = \quad 0{,}19 \, (5{,}0) = \quad 0{,}95 \, \text{t} \cdot \text{m} \, ,$$

$$M_{11-12} = \quad 0{,}21 \, \frac{W \cdot h}{2} = \quad 0{,}21 \, (5{,}0) = \quad 1{,}05 \, \text{t} \cdot \text{m} \, ,$$

$$M_{11-14} = -\, 0{,}08 \, \frac{W \cdot h}{2} = -\, 0{,}08 \, (5{,}0) = -\, 0{,}40 \, \text{t} \cdot \text{m} \, ,$$

$$M_{11-8} = -\, 0{,}32 \, \frac{W \cdot h}{2} = -\, 0{,}32 \, (5{,}0) = -\, 1{,}60 \, \text{t} \cdot \text{m} \, ,$$

am Knotenpunkt *12*:

$$M_{12-11} = \quad 0{,}24 \, \frac{W \cdot h}{2} = \quad 0{,}24 \, (5{,}0) = \quad 1{,}20 \quad \text{t} \cdot \text{m} \, ,$$

$$M_{12-13} = -\, 0{,}02 \, \frac{W \cdot h}{2} = -\, 0{,}02 \, (5{,}0) = -\, 0{,}10 \, \text{t} \cdot \text{m} \, ,$$

$$M_{12-7} = -\, 0{,}22 \, \frac{W \cdot h}{2} = -\, 0{,}22 \, (5{,}0) = -\, 1{,}10 \, \text{t} \cdot \text{m} \, ,$$

am Knotenpunkt *13*:

$$M_{13-14} = \quad 0{,}08 \, \frac{W \cdot h}{2} = \quad 0{,}08 \, (5{,}0) = \quad 0{,}40 \, \text{t} \cdot \text{m} \, ,$$

$$M_{13-12} = -\, 0{,}08 \, \frac{W \cdot h}{2} = -\, 0{,}08 \, (5{,}0) = -\, 0{,}40 \, \text{t} \cdot \text{m} \, ,$$

am Knotenpunkt *14*:

$$M_{14-15} = \quad 0{,}06 \, \frac{W \cdot h}{2} = \quad 0{,}06 \, (5{,}0) = \quad 0{,}30 \, \text{t} \cdot \text{m} \, ,$$

$$M_{14-13} = \quad 0{,}07 \, \frac{W \cdot h}{2} = \quad 0{,}07 \, (5{,}0) = \quad 0{,}35 \, \text{t} \cdot \text{m} \, ,$$

$$M_{14-11} = -\, 0{,}13 \, \frac{W \cdot h}{2} = -\, 0{,}13 \, (5{,}0) = -\, 0{,}65 \, \text{t} \cdot \text{m} \, ,$$

am Knotenpunkt *15*:

$$M_{15-15'} = \quad 0{,}06 \, \frac{W \cdot h}{2} = \quad 0{,}06 \, (5{,}0) = \quad 0{,}30 \, \text{t} \cdot \text{m} \, ,$$

$$M_{15-14} = \quad 0{,}06 \, \frac{W \cdot h}{2} = \quad 0{,}06 \, (5{,}0) = \quad 0{,}30 \, \text{t} \cdot \text{m} \, ,$$

$$M_{15-10} = -\, 0{,}12 \, \frac{W \cdot h}{2} = -\, 0{,}12 \, (5{,}0) = -\, 0{,}60 \, \text{t} \cdot \text{m} \, .$$

In der Momententabelle 95 sind die Biegungsmomente übersichtlich eingetragen.

Erstes Kapitel

Eingespannter, symmetrischer Rahmen mit beliebiger, symmetrischer vertikaler Belastung auf den Balken.

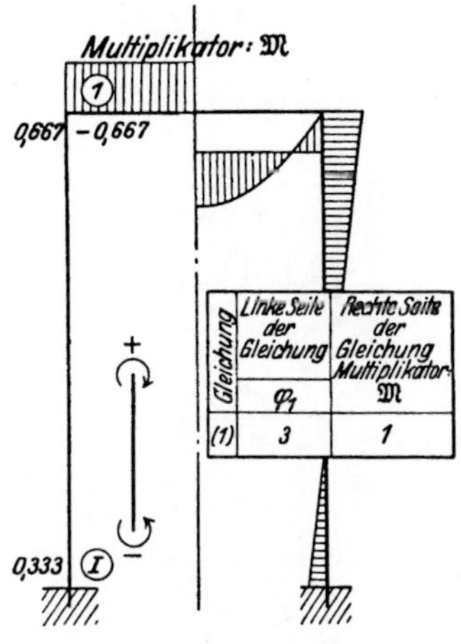

Momententabelle 1.

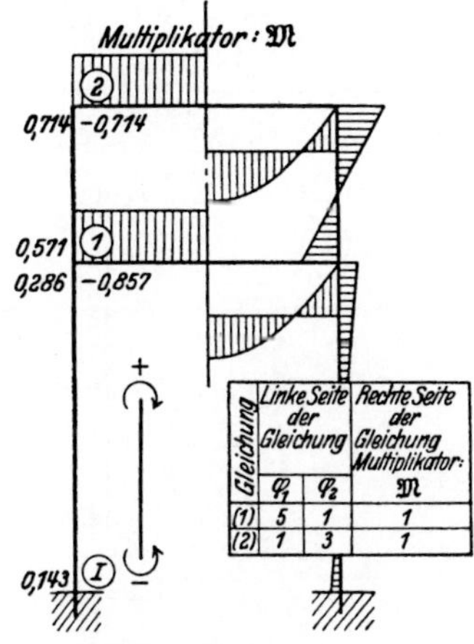

Momententabelle 2.

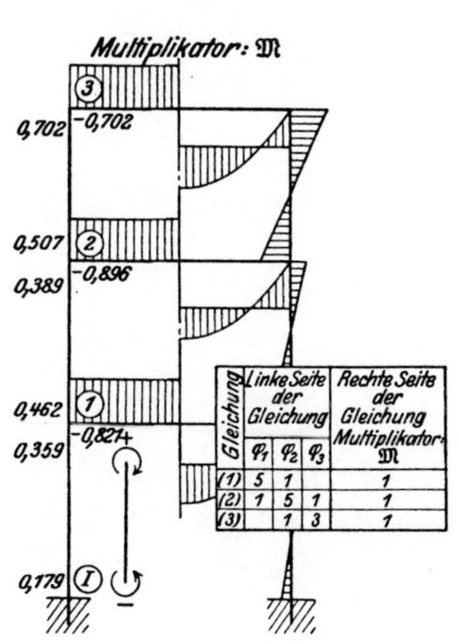

Momententabelle 3.

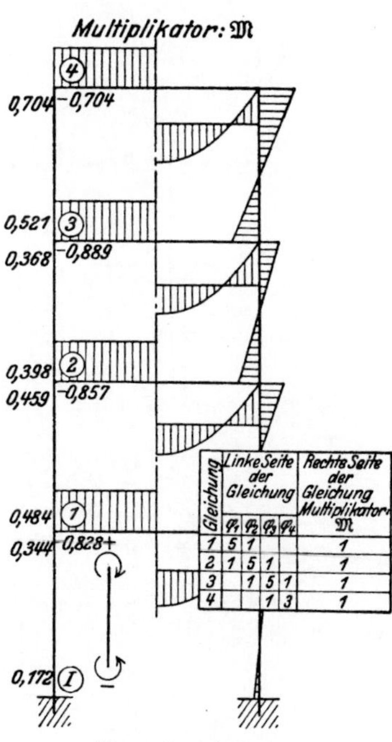

Momententabelle 4.

Bemerkung: Multiplikator $\mathfrak{M}$ für beliebige Belastungen s. Tabelle I b.

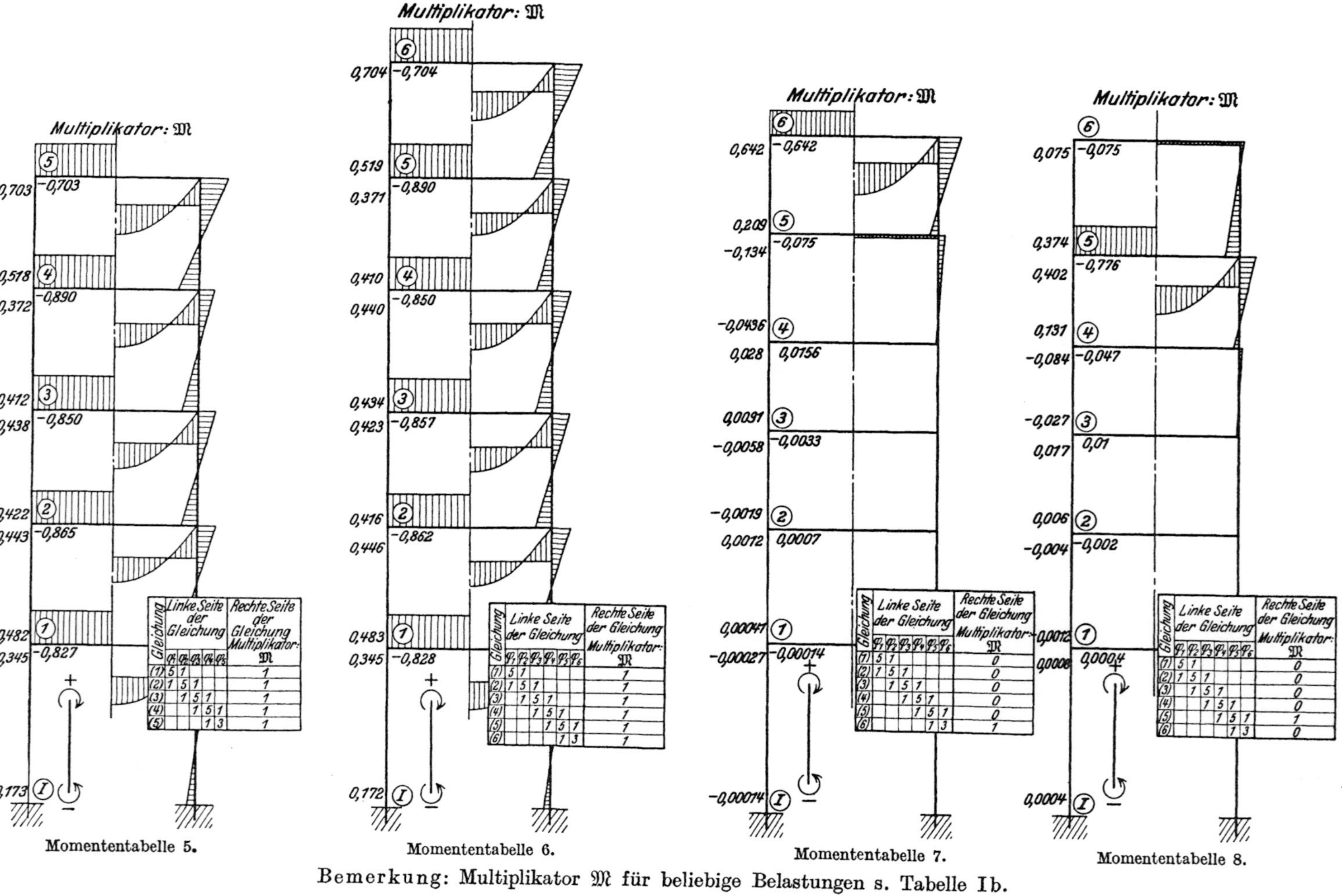

Multiplikator: M
Momententabelle 5.
Momententabelle 6.
Momententabelle 7.
Momententabelle 8.
Bemerkung: Multiplikator M für beliebige Belastungen s. Tabelle I b.

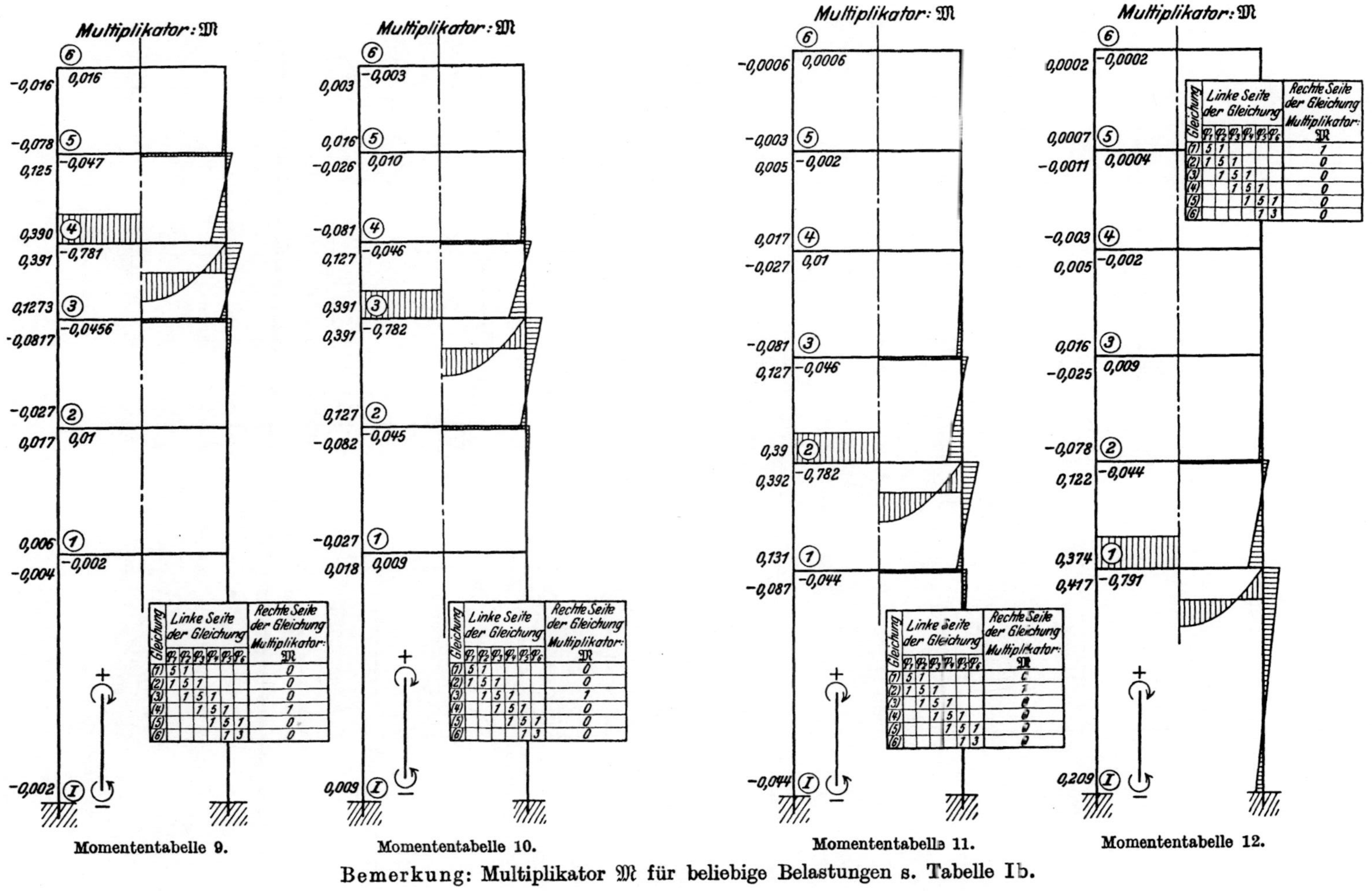

Momententabelle 9.

Momententabelle 10.

Momententabelle 11.

Momententabelle 12.

Bemerkung: Multiplikator $\mathfrak{M}$ für beliebige Belastungen s. Tabelle Ib.

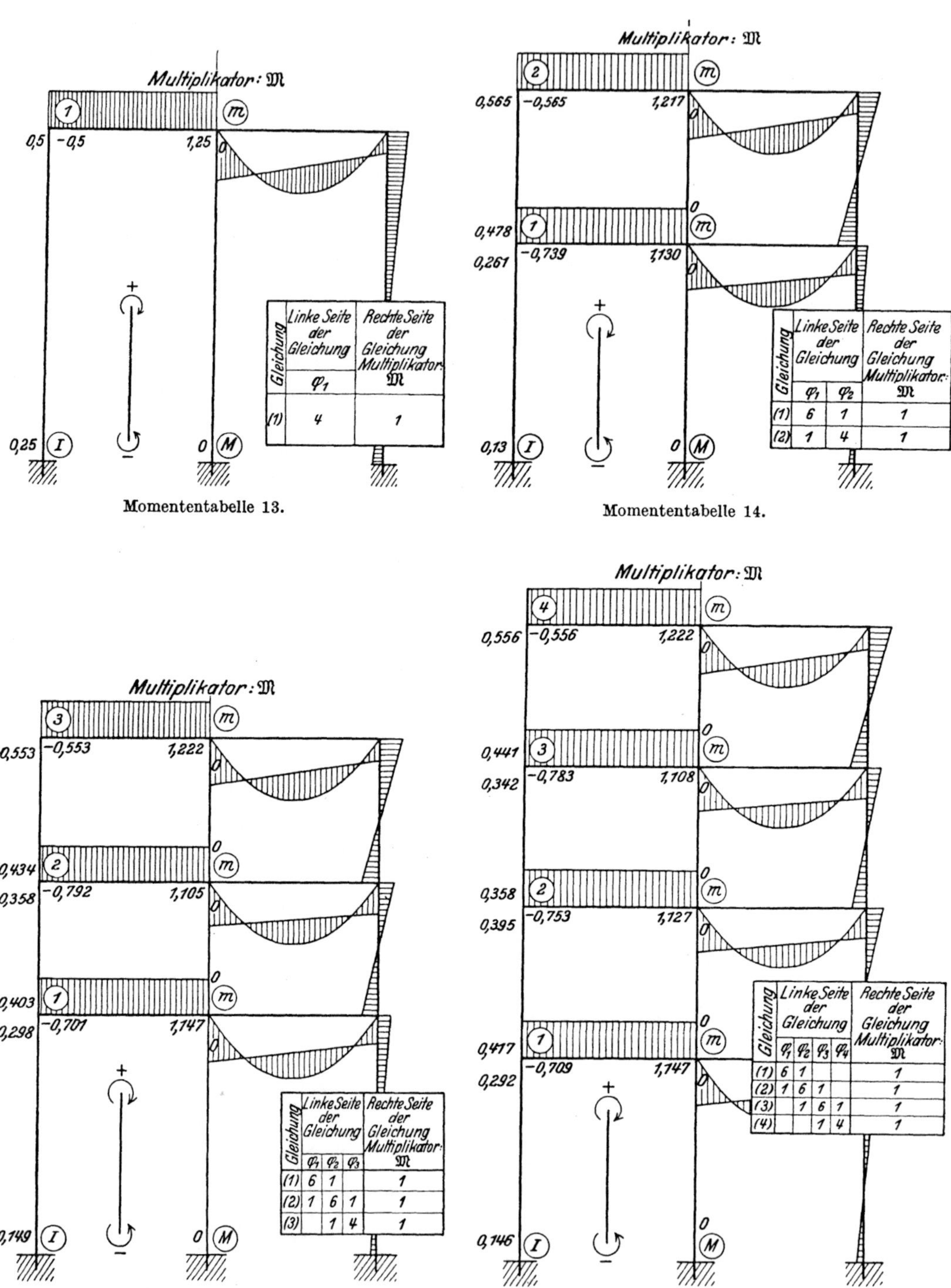

Momententabelle 13.

Momententabelle 14.

Momententabelle 15.

Momententabelle 16.

Bemerkung: Multiplikator 𝔐 für beliebige Belastungen s. Tabelle I b.

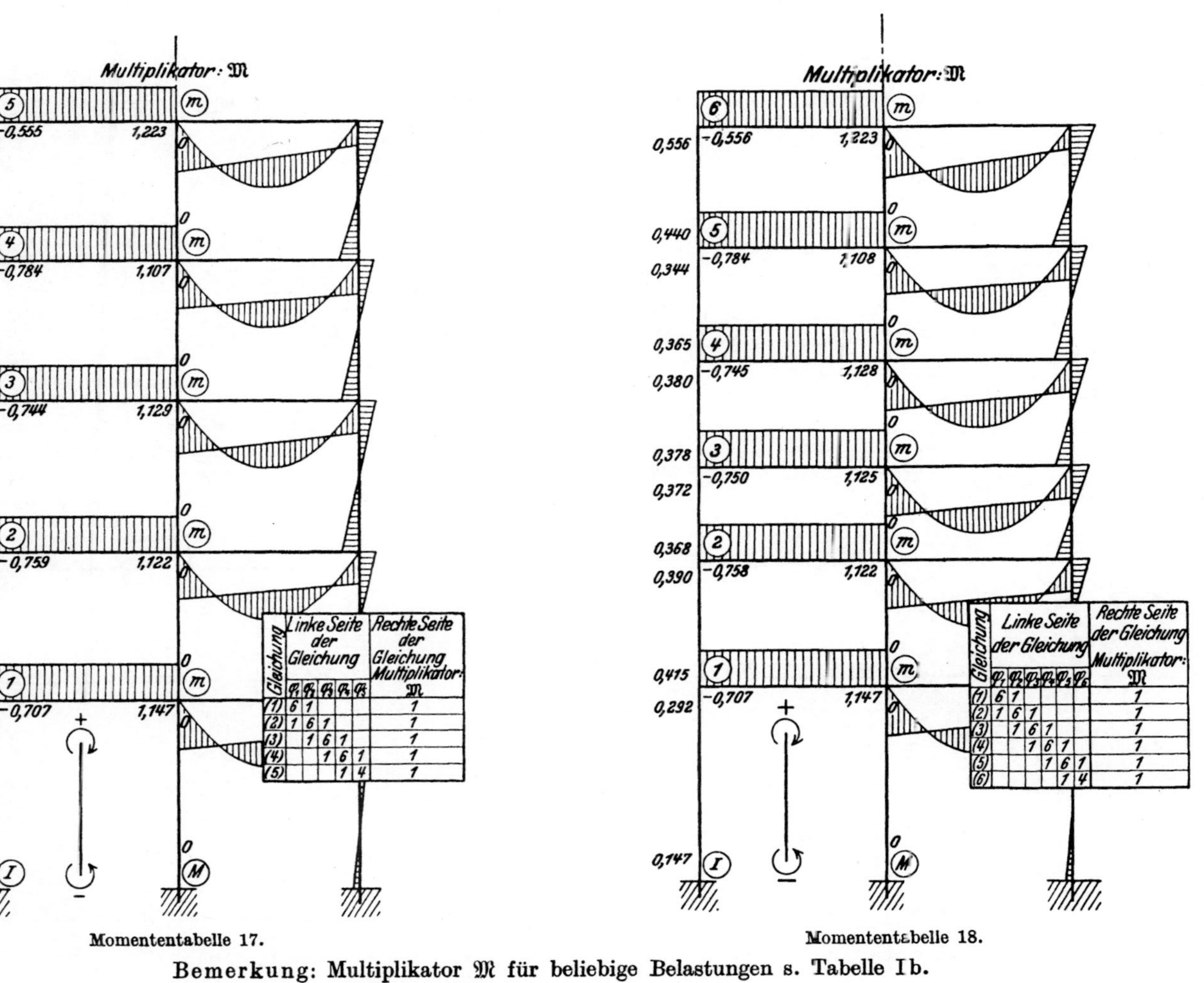

Gleichung	Linke Seite der Gleichung					Rechte Seite der Gleichung / Multiplikator: 𝔐
	q_1	q_2	q_3	q_4	q_5	𝔐
(1)	6	1				1
(2)	1	6	1			1
(3)		1	6	1		1
(4)			1	6	1	1
(5)				1	4	1

Momententabelle 17.

Gleichung	Linke Seite der Gleichung						Rechte Seite der Gleichung / Multiplikator: 𝔐
	q_1	q_2	q_3	q_4	q_5	q_6	𝔐
(1)	6	1					1
(2)	1	6	1				1
(3)		1	6	1			1
(4)			1	6	1		1
(5)				1	6	1	1
(6)					1	4	1

Momententabelle 18.

Bemerkung: Multiplikator 𝔐 für beliebige Belastungen s. Tabelle I b.

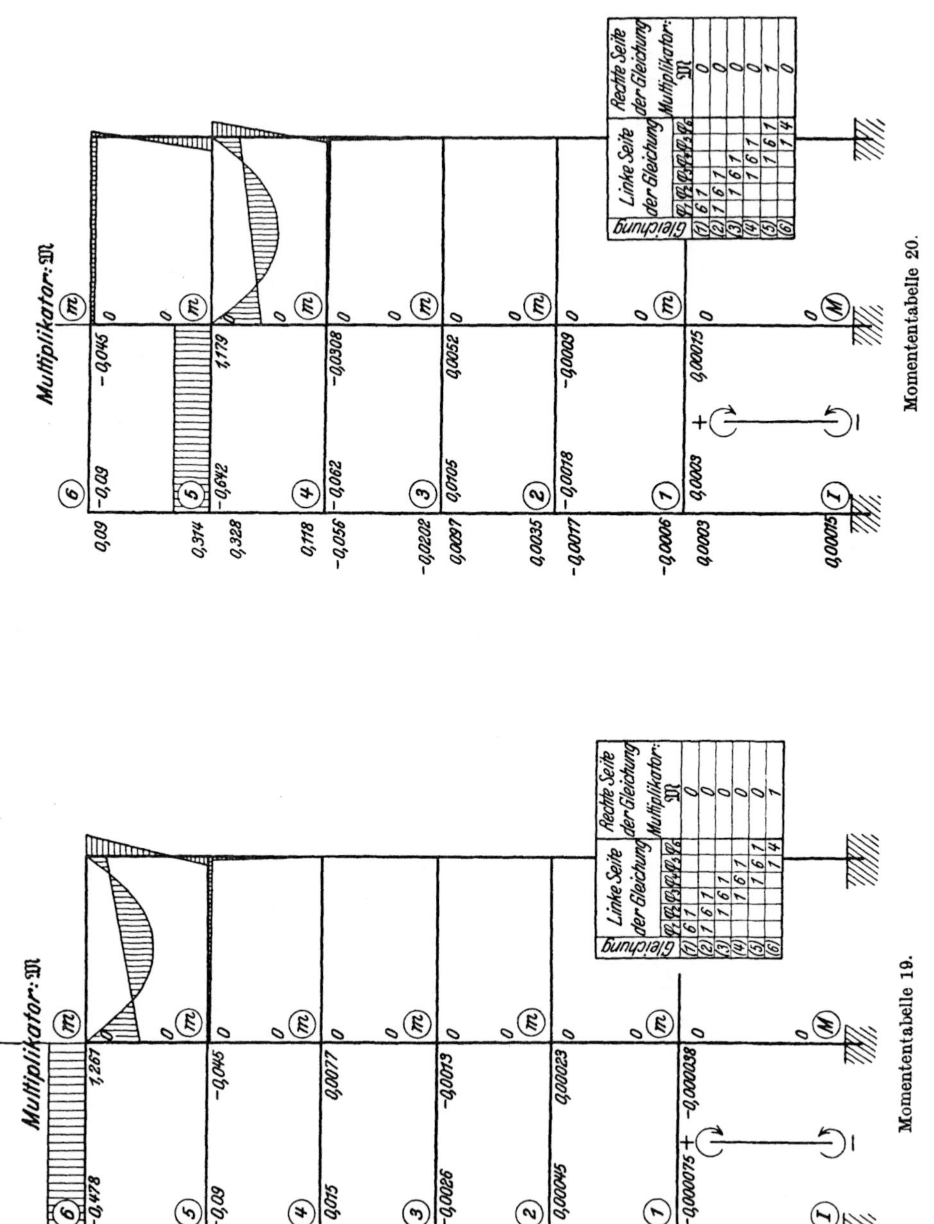

Bemerkung: Multiplikator $\mathfrak{M}$ für beliebige Belastungen s. Tabelle I b.

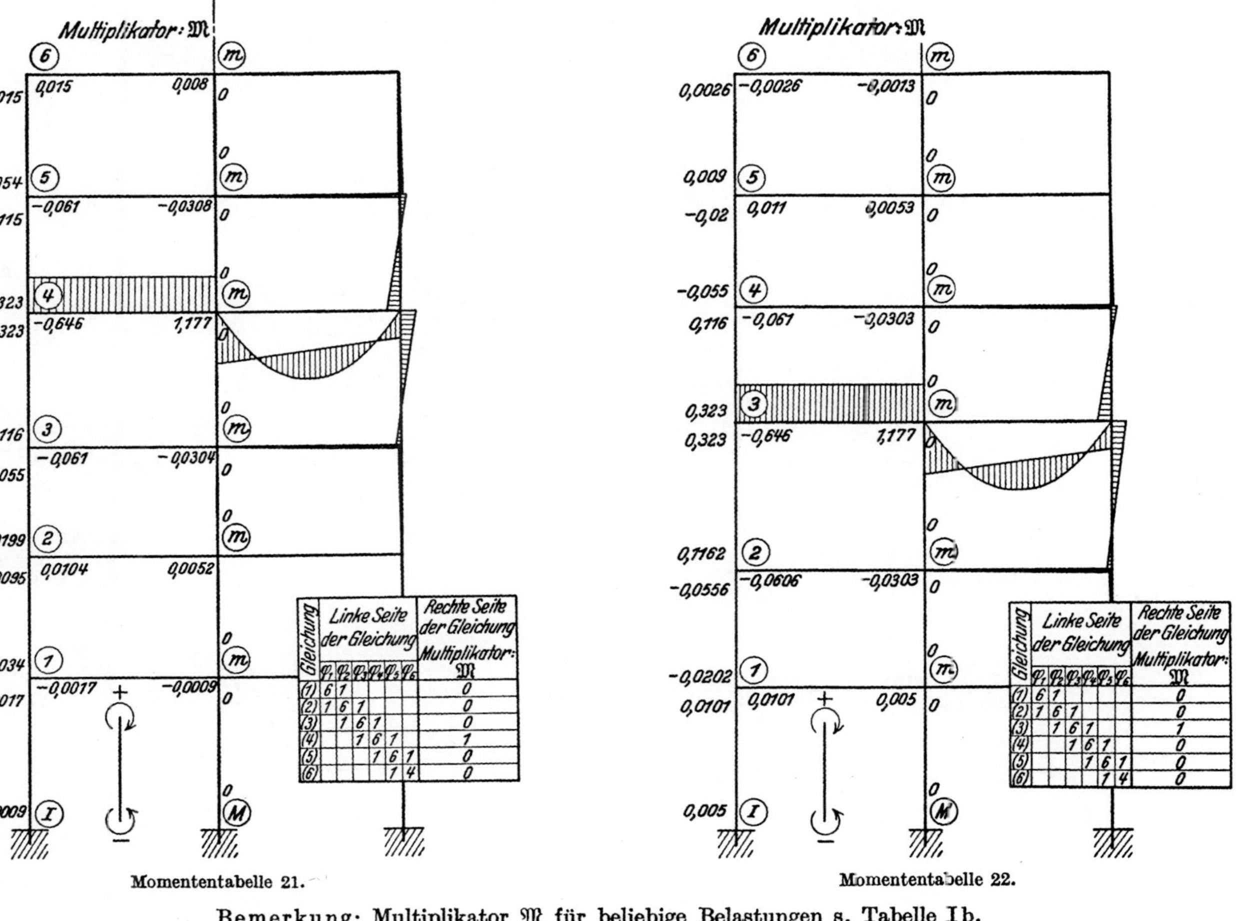

Momententabelle 21.

Momententabelle 22.

Bemerkung: Multiplikator $\mathfrak{M}$ für beliebige Belastungen s. Tabelle I b.

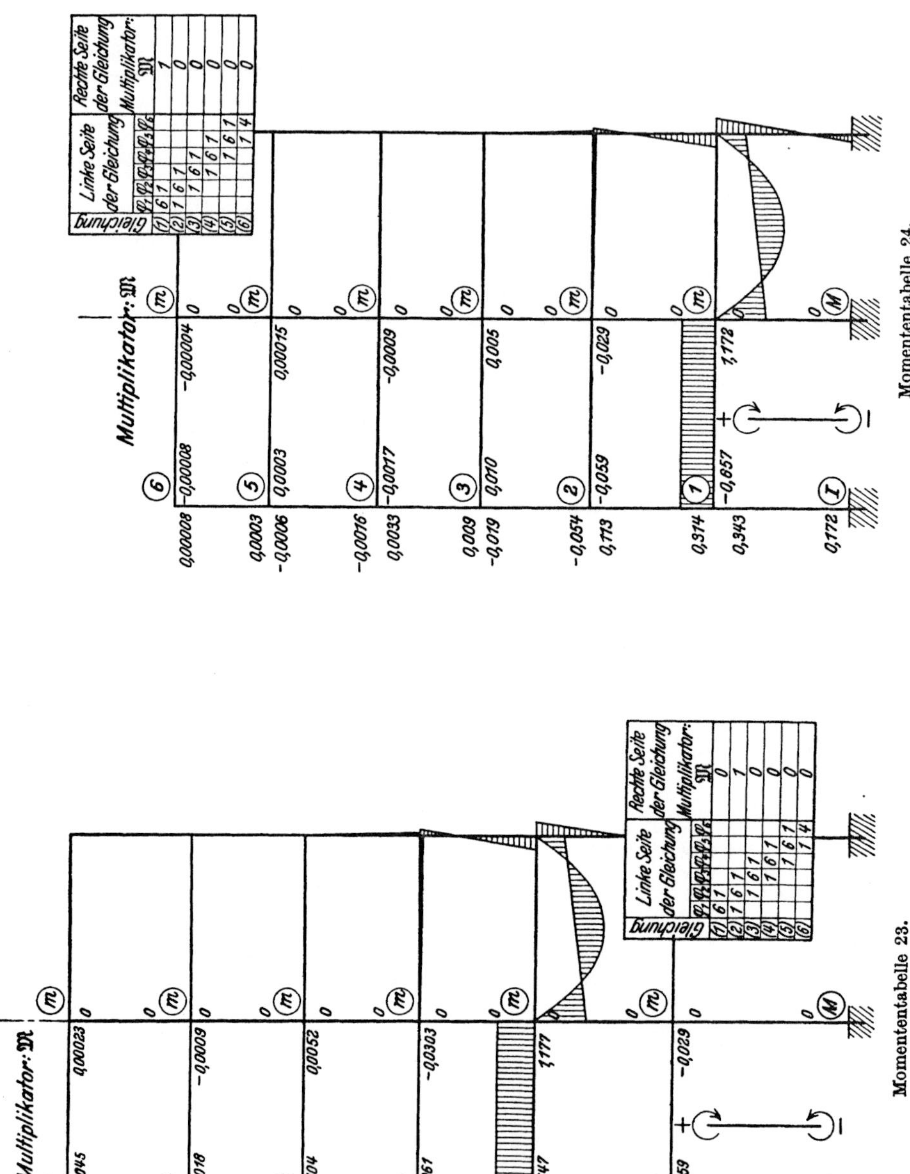

Momententabelle 24.

Momententabelle 23.

Bemerkung: Multiplikator $\mathfrak{M}$ für beliebige Belastungen s. Tabelle I b.

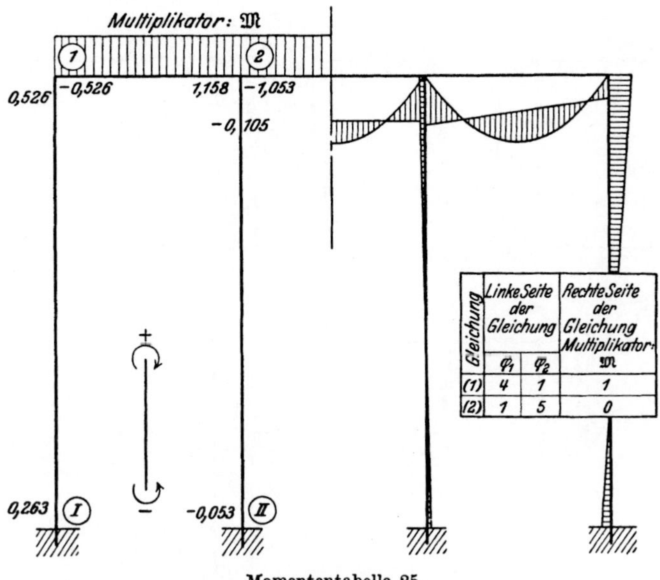

Gleichung	Linke Seite der Gleichung		Rechte Seite der Gleichung Multiplikator·
	φ_1	φ_2	$\mathfrak{M}$
(1)	4	1	1
(2)	1	5	0

Momententabelle 25.

Gleichung	Linke Seite der Gleichung				Rechte Seite der Gleichung Multiplikator·
	φ_1	φ_2	φ_3	φ_4	$\mathfrak{M}$
(1)	6	1		1	1
(2)	1	7	1		0
(3)		1	5	1	0
(4)	1		1	4	1

Momententabelle 26.

Bemerkung: Multiplikator $\mathfrak{M}$ für beliebige Belastungen s. Tabelle Ib.

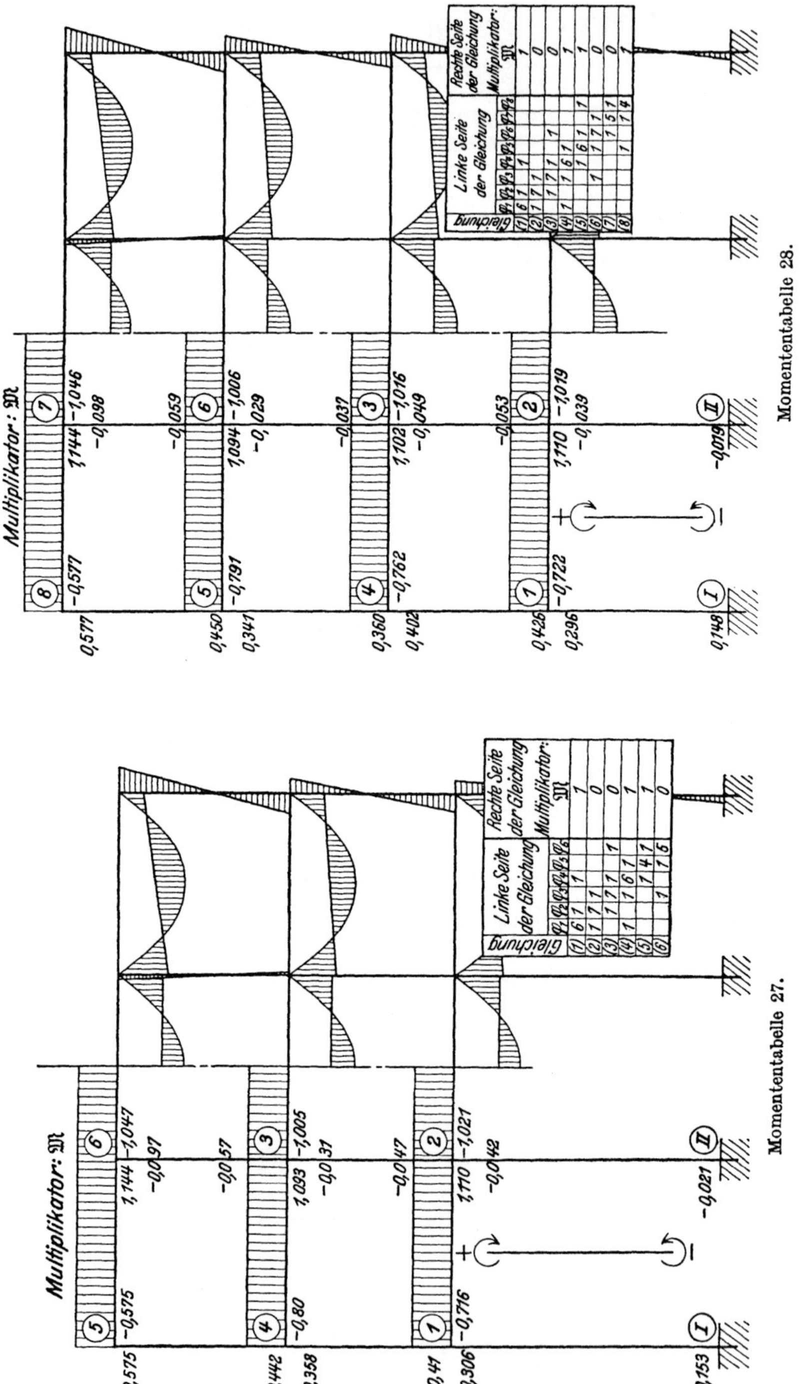

Momententabelle 28.

Momententabelle 27.

Bemerkung: Multiplikator $\mathfrak{M}$ für beliebige Belastungen s. Tabelle I b.

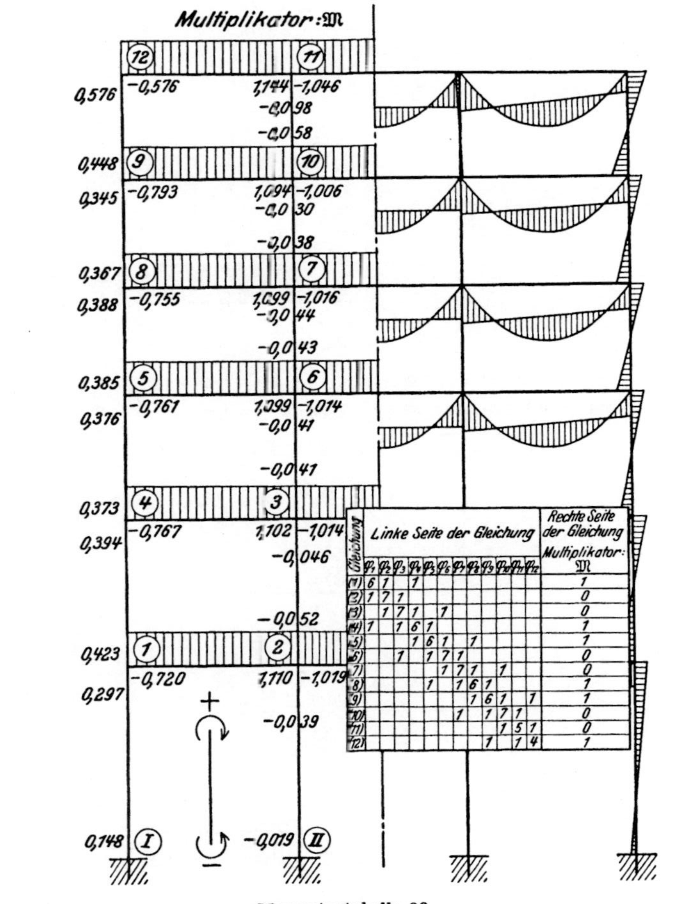

Momententabelle 29.

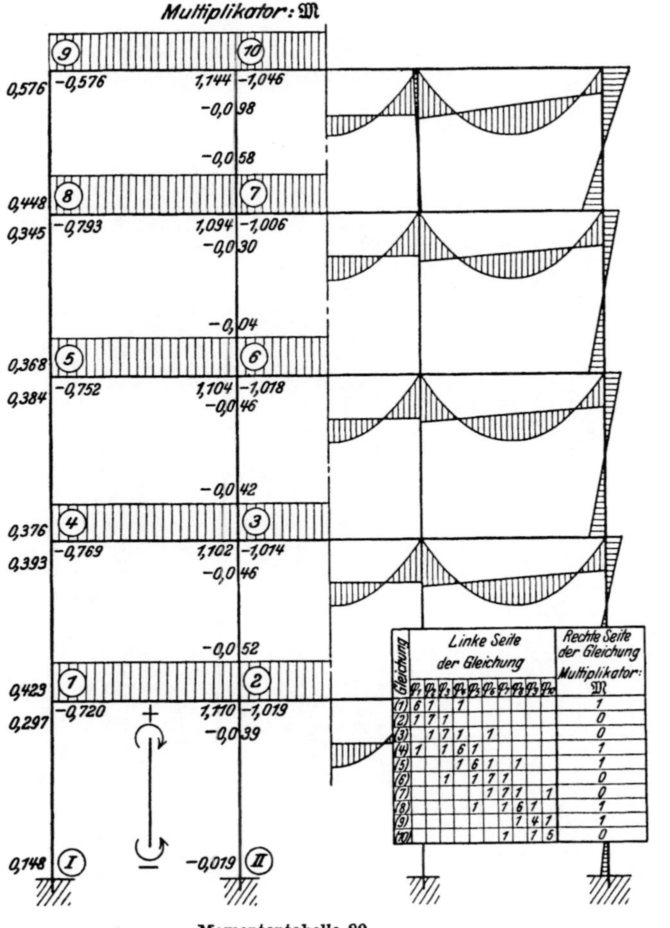

Momententabelle 30.

Bemerkung: Multiplikator $\mathfrak{M}$ für beliebige Belastungen s. Tabelle I b.

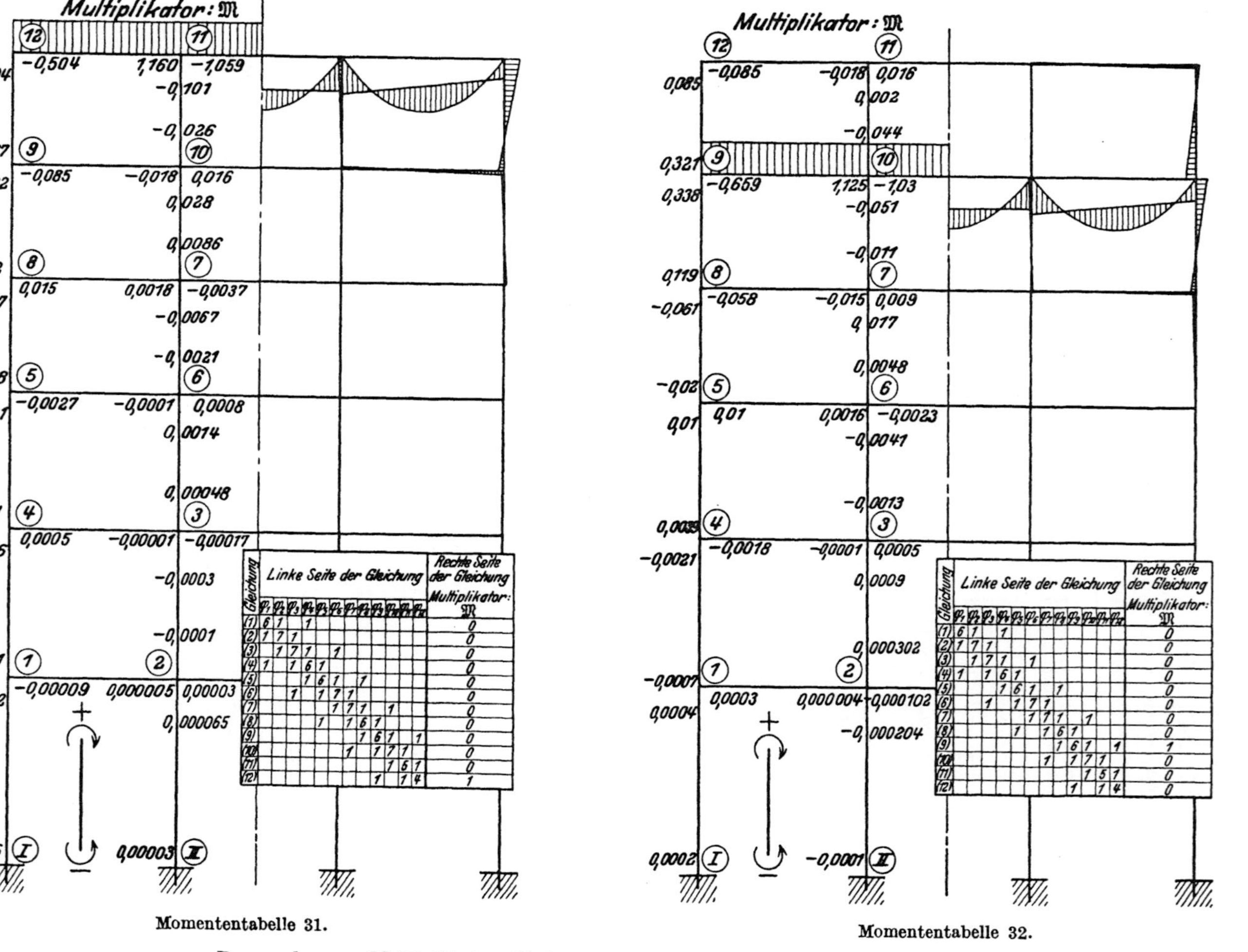

Bemerkung: Multiplikator 𝔐 für beliebige Belastungen s. Tabelle I b.

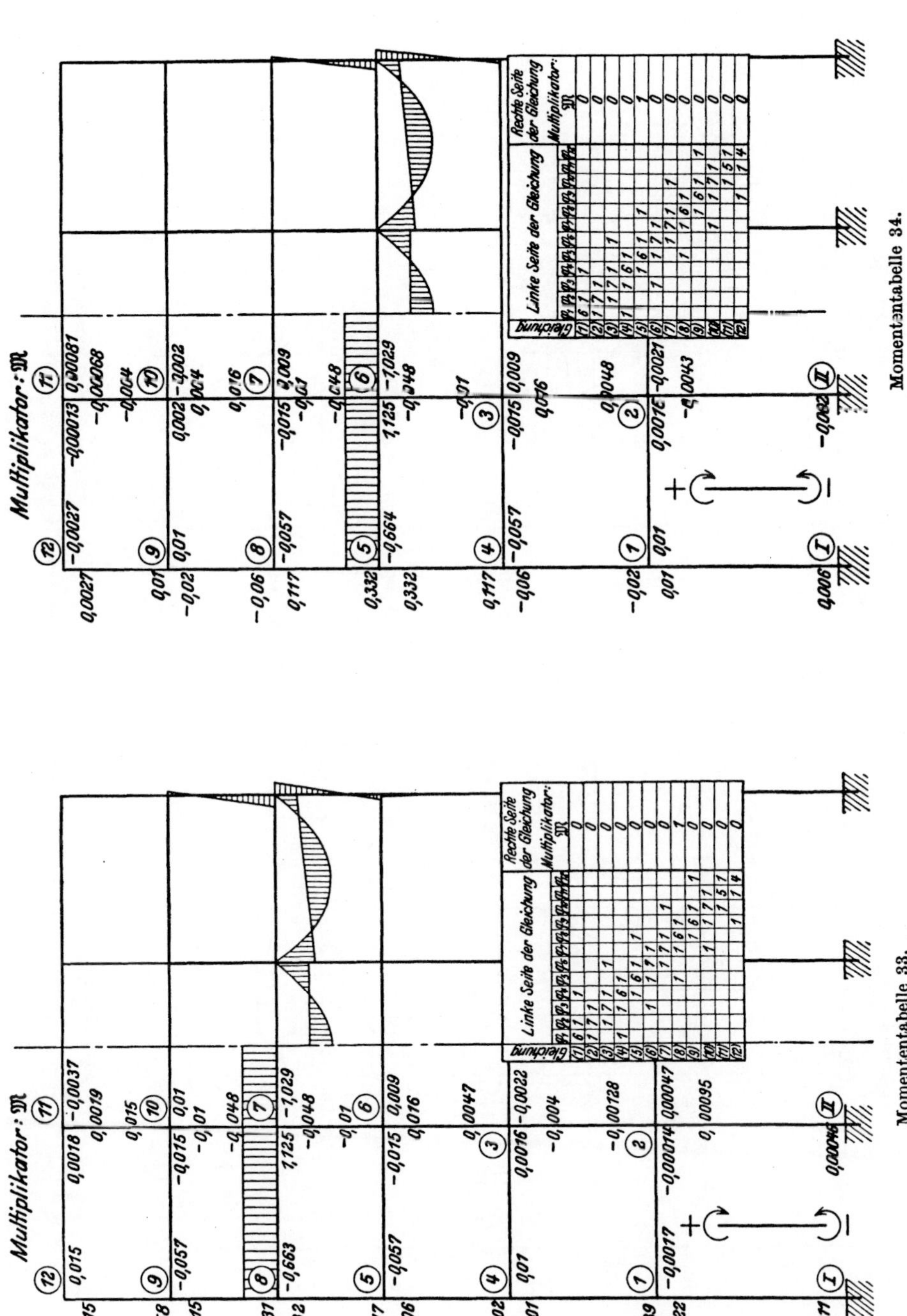

Bemerkung: Multiplikator $\mathfrak{M}$ für beliebige Belastungen s. Tabelle Ib.

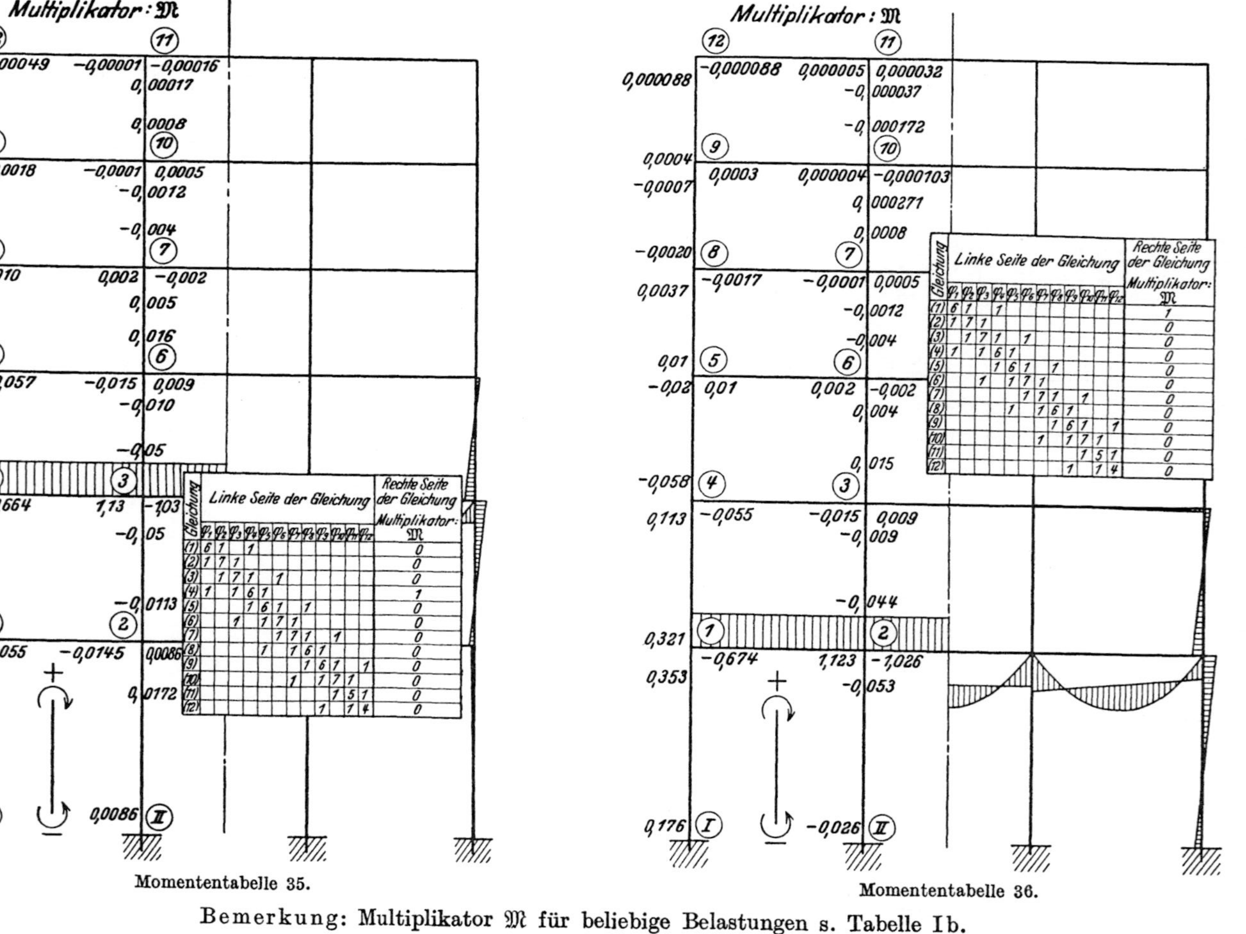

Momententabelle 35.

Momententabelle 36.

Bemerkung: Multiplikator $\mathfrak{M}$ für beliebige Belastungen s. Tabelle Ib.

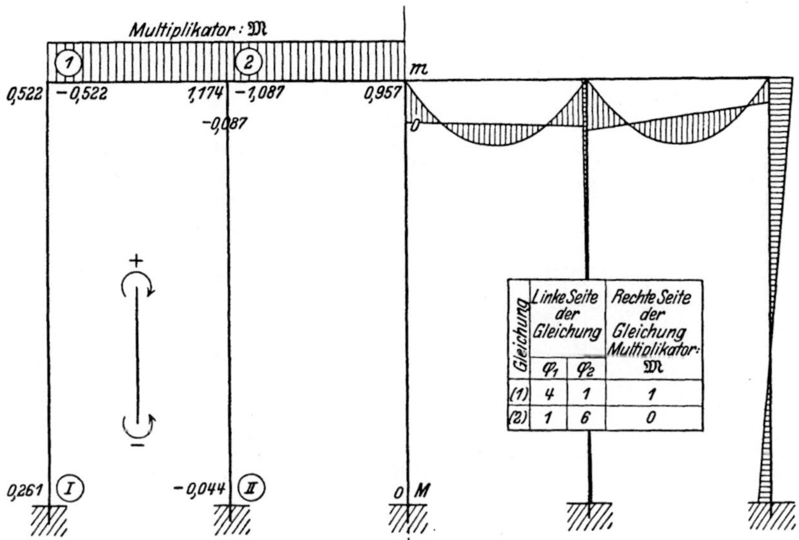

Momententabelle 37.

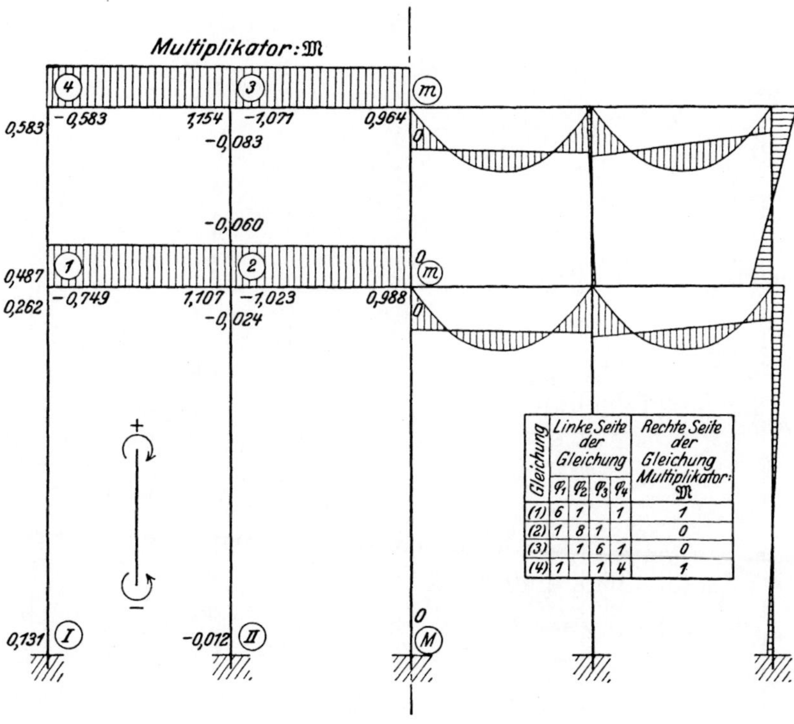

Momententabelle 38.

Bemerkung: Multiplikator $\mathfrak{M}$ für beliebige Belastungen s. Tabelle Ib.

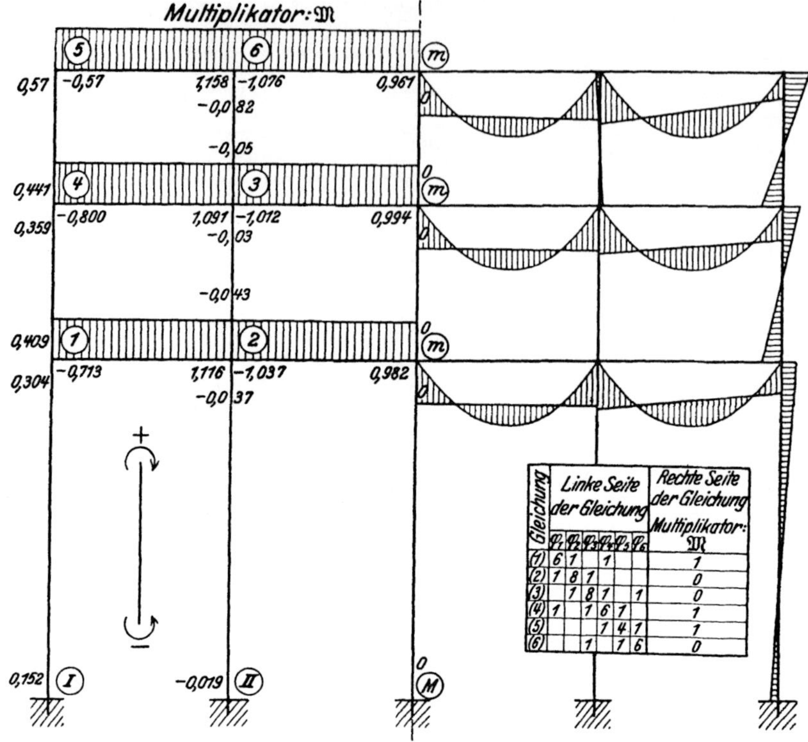

Gleichung	Linke Seite der Gleichung						Rechte Seite der Gleichung Multiplikator: 𝔐
	φ_1	φ_2	φ_3	φ_4	φ_5	φ_6	
(1)	6	1		1			1
(2)	1	8	1				0
(3)		1	8	1		1	0
(4)	1		1	6	1		1
(5)				1	4	1	1
(6)			1		1	6	0

Momententabelle 39.

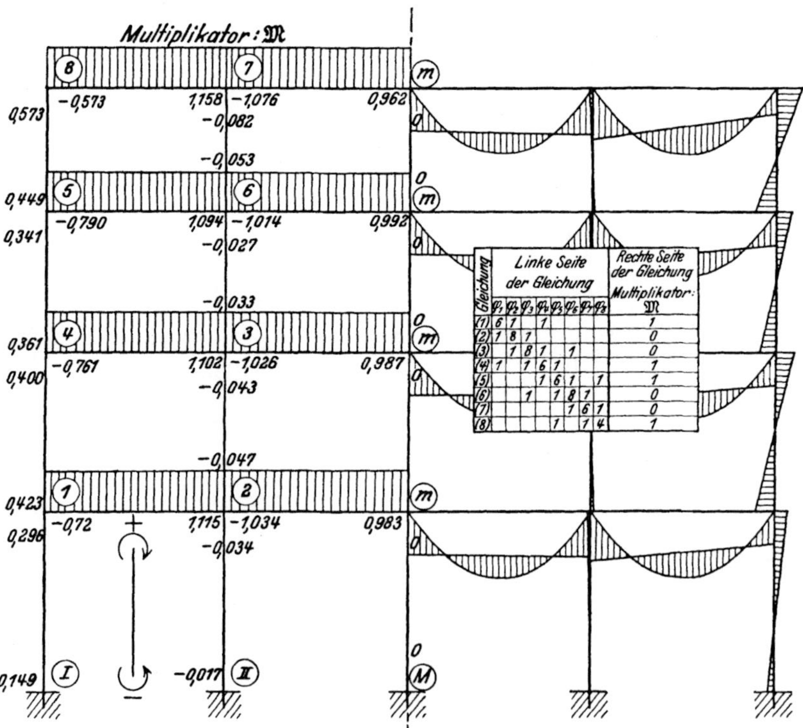

Gleichung	Linke Seite der Gleichung								Rechte Seite der Gleichung Multiplikator: 𝔐
	φ_1	φ_2	φ_3	φ_4	φ_5	φ_6	φ_7	φ_8	
(1)	6	1		1					1
(2)	1	8	1						0
(3)		1	8	1		1			0
(4)	1		1	6	1				1
(5)				1	6	1		1	1
(6)			1		1	8	1		0
(7)						1	6	1	0
(8)					1		1	4	1

Momententabelle 40.

Bemerkung: Multiplikator 𝔐 für beliebige Belastungen s. Tabelle I b.

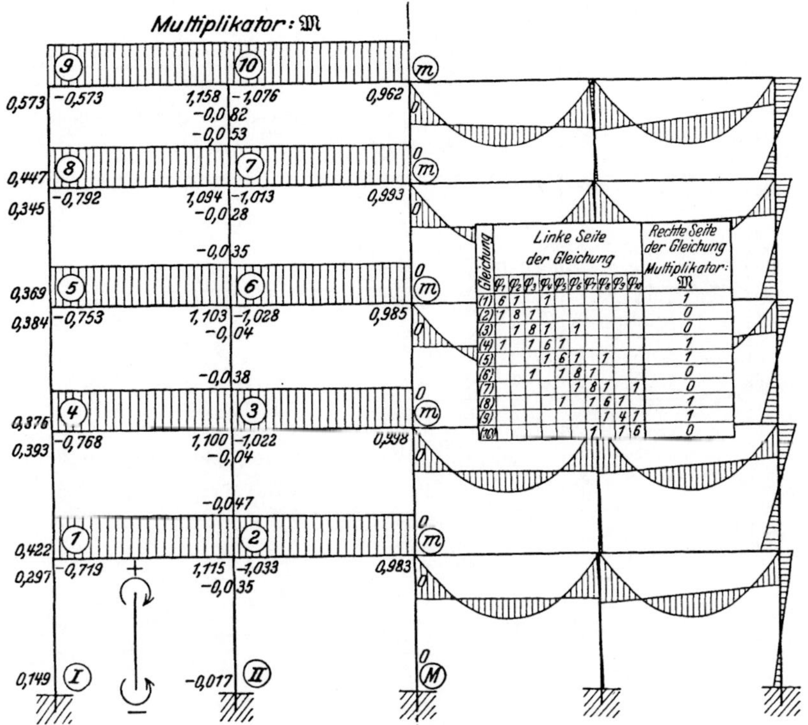

Gleichung	Linke Seite der Gleichung										Rechte Seite der Gleichung Multiplikator: $\mathfrak{M}$
	φ_1	φ_2	φ_3	φ_4	φ_5	φ_6	φ_7	φ_8	φ_9	φ_{10}	
(1)	6	1		1							1
(2)	1	8	1								0
(3)		1	8	1		1					0
(4)	1		1	6	1						1
(5)				1	6	1		1			1
(6)			1		1	8	1				0
(7)						1	8	1		1	0
(8)					1		1	6	1		1
(9)								1	4	1	1
(10)							1		1	6	0

Momententabelle 41.

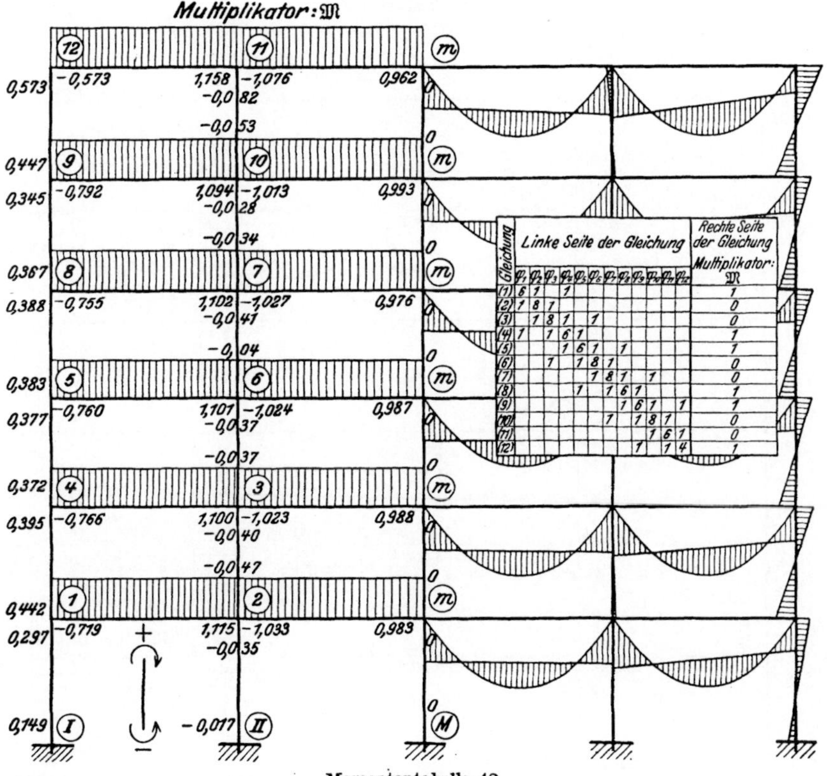

Gleichung	Linke Seite der Gleichung												Rechte Seite der Gleichung Multiplikator: $\mathfrak{M}$
	φ_1	φ_2	φ_3	φ_4	φ_5	φ_6	φ_7	φ_8	φ_9	φ_{10}	φ_{11}	φ_{12}	
(1)	6	1		1									1
(2)	1	8	1										0
(3)		1	8	1		1							0
(4)	1		1	6	1								1
(5)				1	6	1		1					1
(6)			1		1	8	1						0
(7)						1	8	1		1			0
(8)					1		1	6	1				1
(9)								1	6	1		1	1
(10)							1		1	8	1		0
(11)										1	6	1	0
(12)									1		1	4	1

Momententabelle 42.

Bemerkung: Multiplikator $\mathfrak{M}$ für beliebige Belastungen s. Tabelle Ib.

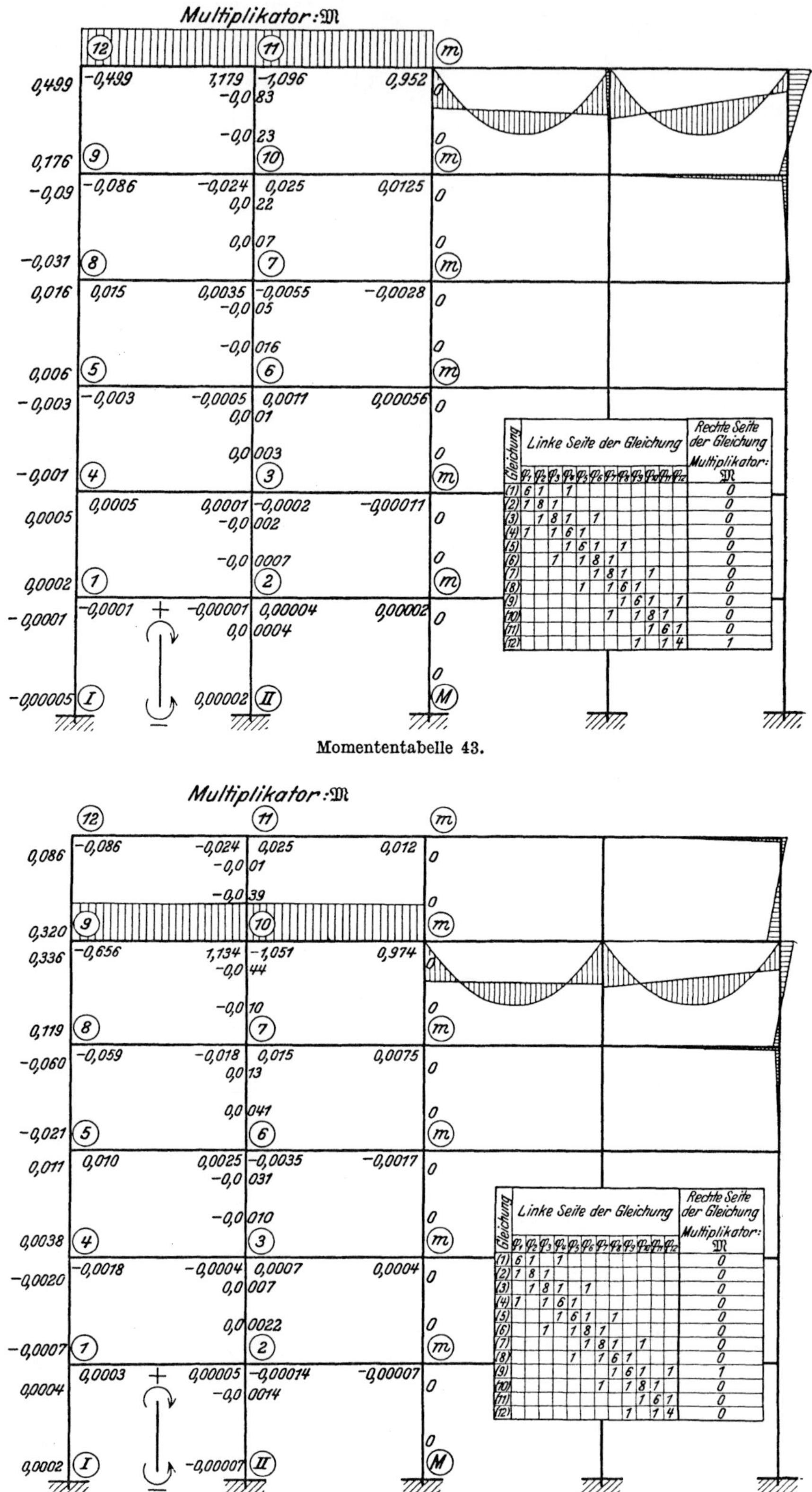

Gleichung	Linke Seite der Gleichung												Rechte Seite der Gleichung Multiplikator: M
	φ_1	φ_2	φ_3	φ_4	φ_5	φ_6	φ_7	φ_8	φ_9	φ_{10}	φ_{11}	φ_{12}	
(1)	6	1		1									0
(2)	1	8	1										0
(3)		1	8	1		1							0
(4)	1		1	6	1								0
(5)				1	6	1		1					0
(6)		1			1	8	1						0
(7)						1	8	1		1			0
(8)					1		1	6	1				0
(9)								1	6	1		1	0
(10)							1		1	8	1		0
(11)										1	6	1	0
(12)									1		1	4	1

Momententabelle 43.

Gleichung	Linke Seite der Gleichung												Rechte Seite der Gleichung Multiplikator: M
	φ_1	φ_2	φ_3	φ_4	φ_5	φ_6	φ_7	φ_8	φ_9	φ_{10}	φ_{11}	φ_{12}	
(1)	6	1		1									0
(2)	1	8	1										0
(3)		1	8	1		1							0
(4)	1		1	6	1								0
(5)				1	6	1		1					0
(6)		1			1	8	1						0
(7)						1	8	1		1			0
(8)					1		1	6	1				0
(9)								1	6	1		1	1
(10)							1		1	8	1		0
(11)										1	6	1	0
(12)									1		1	4	0

Momententabelle 44.

Bemerkung: Multiplikator M für beliebige Belastungen s. Tabelle Ib.

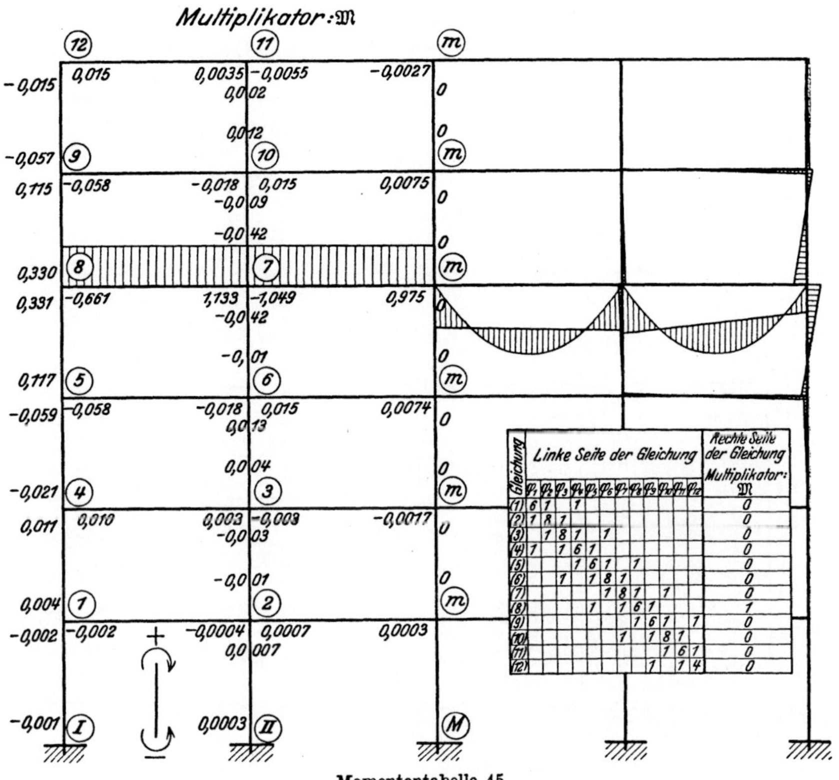

Momententabelle 45.

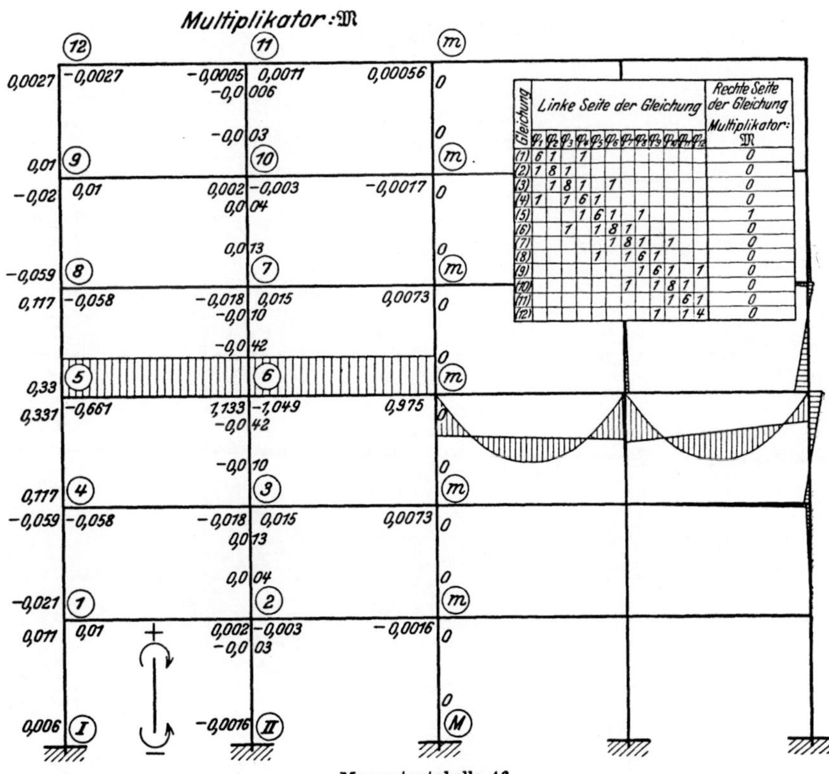

Momententabelle 46.

Bemerkung: Multiplikator 𝔐 für beliebige Belastungen s. Tabelle I b.

7*

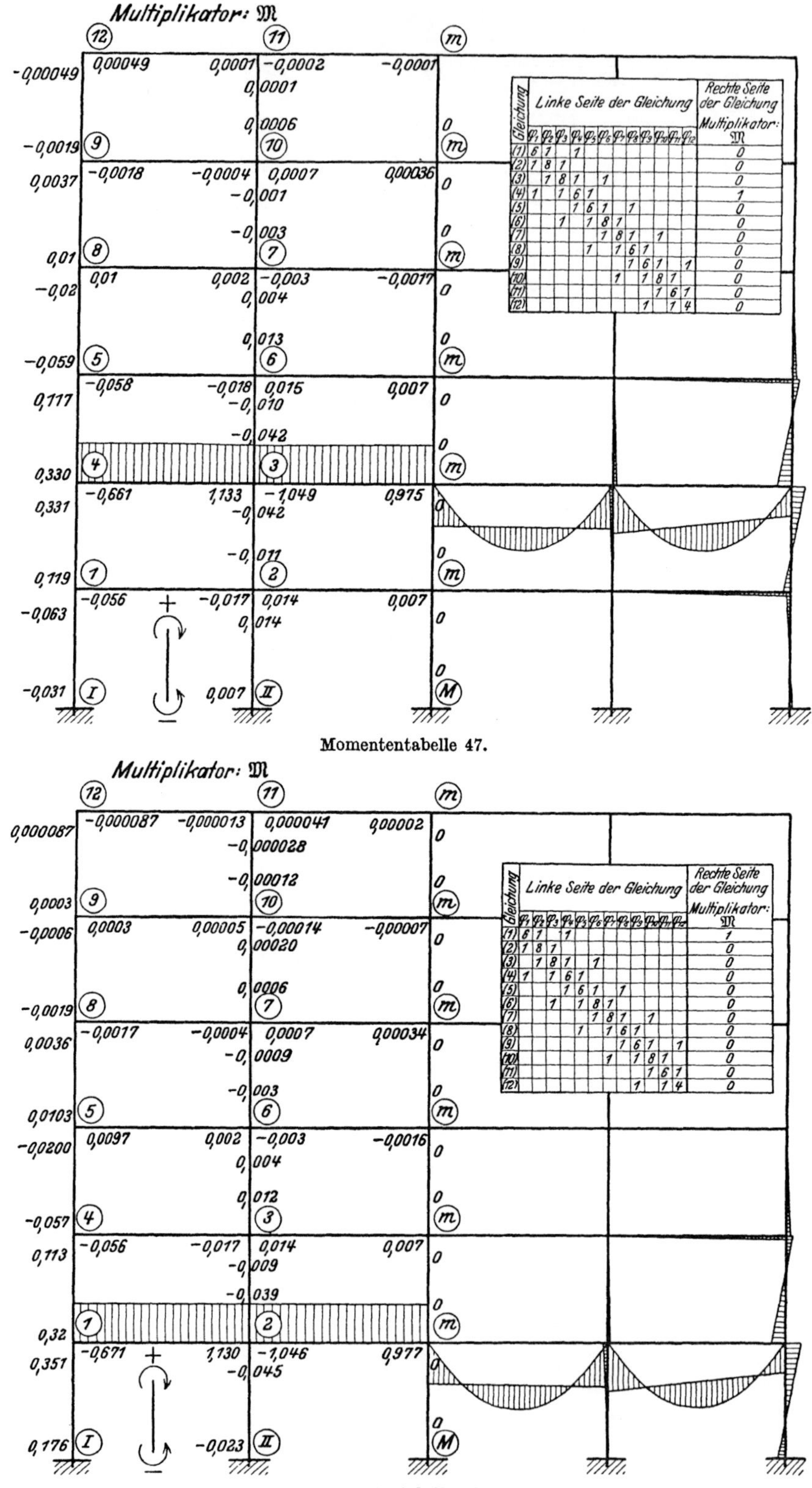

Bemerkung: Multiplikator 𝔐 für beliebige Belastungen s. Tabelle I b.

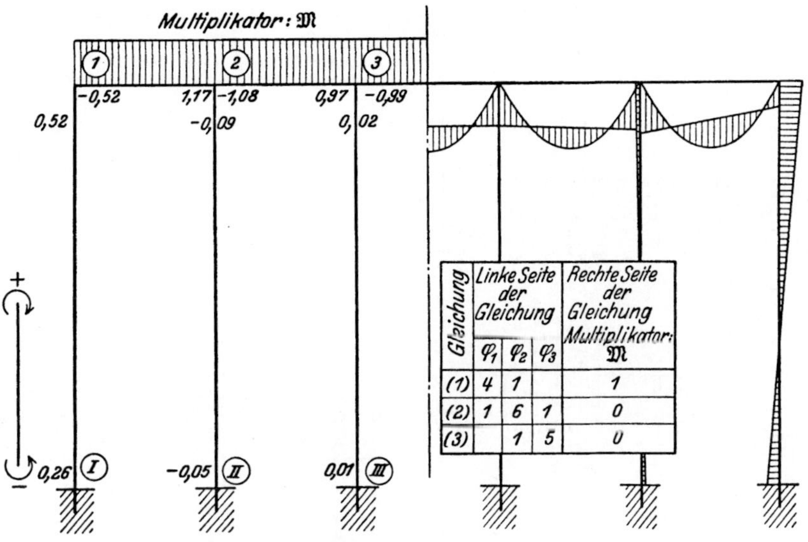

Gleichung	Linke Seite der Gleichung			Rechte Seite der Gleichung Multiplikator: $\mathfrak{M}$
	φ_1	φ_2	φ_3	
(1)	4	1		1
(2)	1	6	1	0
(3)		1	5	0

Momententabelle 49.

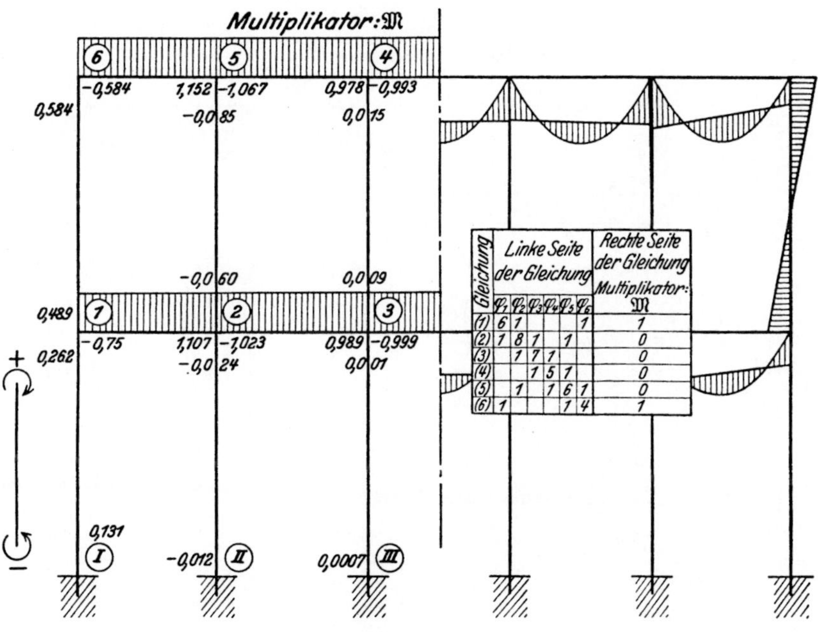

Gleichung	Linke Seite der Gleichung						Rechte Seite der Gleichung Multiplikator: $\mathfrak{M}$
	φ_1	φ_2	φ_3	φ_4	φ_5	φ_6	
(1)	6	1				1	1
(2)	1	8	1		1		0
(3)		1	7	1			0
(4)			1	5	1		0
(5)		1		1	6	1	0
(6)	1				1	4	1

Momententabelle 50.

Bemerkung: Multiplikator $\mathfrak{M}$ für beliebige Belastungen s. Tabelle Ib.

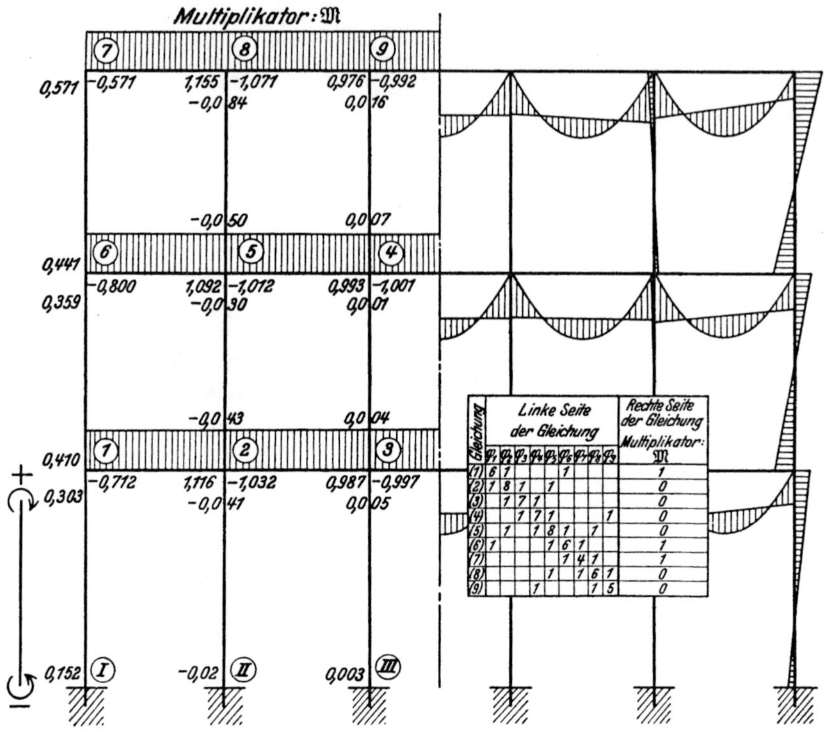

Gleichung

	Linke Seite der Gleichung									Rechte Seite der Gleichung Multiplikator: $\mathfrak{M}$
	g_1	g_2	g_3	g_4	g_5	g_6	g_7	g_8	g_9	$\mathfrak{M}$
(1)	6	1				1				1
(2)	1	8	1		1					0
(3)		1	7	1						0
(4)			1	7	1				1	0
(5)		1		1	8	1		1		0
(6)	1				1	6	1			1
(7)						1	4	1		1
(8)					1		1	6	1	0
(9)				1				1	5	0

Momententabelle 51.

Gleichung

	Linke Seite der Gleichung												Rechte Seite der Gleichung Multiplikator: $\mathfrak{M}$
	g_1	g_2	g_3	g_4	g_5	g_6	g_7	g_8	g_9	g_{10}	g_{11}	g_{12}	$\mathfrak{M}$
(1)	6	1				1							1
(2)	1	8	1		1								0
(3)		1	7	1									0
(4)			1	7	1				1				0
(5)		1		1	8	1		1					0
(6)	1				1	6	1						1
(7)						1	6	1				1	1
(8)					1		1	8	1		1		0
(9)				1				1	7	1			0
(10)									1	5	1		0
(11)								1		1	6	1	0
(12)							1				1	4	1

Momententabelle 52.

Bemerkung: Multiplikator $\mathfrak{M}$ für beliebige Belastungen s. Tabelle I b.

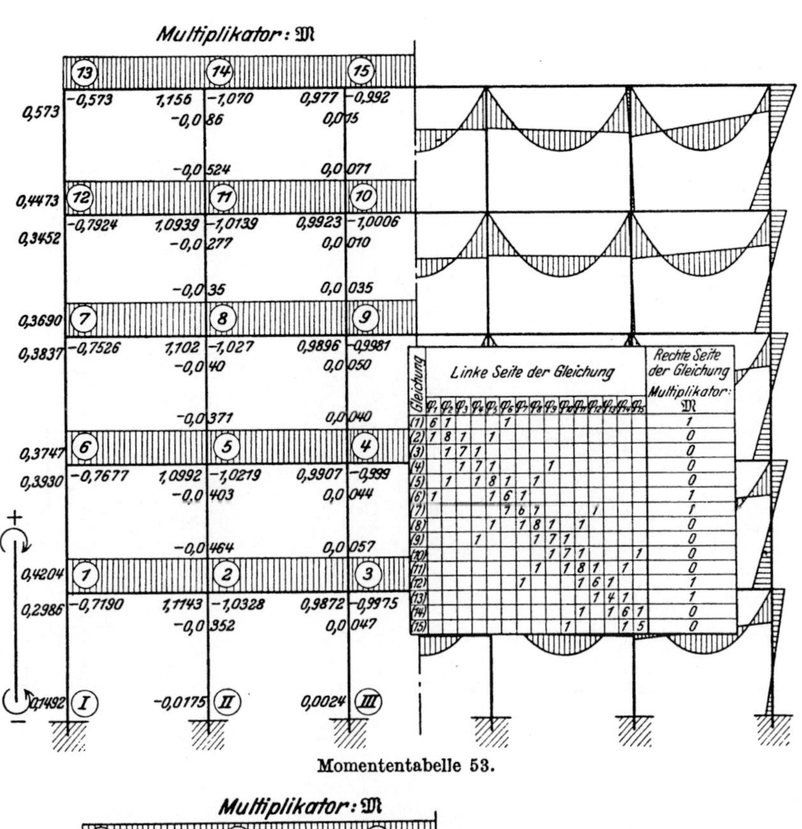

Gleichung	φ1	φ2	φ3	φ4	φ5	φ6	φ7	φ8	φ9	φ10	φ11	φ12	φ13	φ14	φ15	Rechte Seite der Gleichung. Multiplikator: 𝔐
(1)	6	1				1										1
(2)	1	8	1		1											0
(3)		1	7	1												0
(4)			1	7	1				1							0
(5)		1		1	8	1		1								0
(6)	1				1	6	1									1
(7)						1	6	1				1				1
(8)					1		1	8	1		1					0
(9)				1				1	7	1						0
(10)									1	7	1				1	0
(11)								1		1	8	1		1		0
(12)							1				1	6	1			1
(13)												1	4	1		1
(14)											1		1	6	1	0
(15)										1				1	5	0

Momententabelle 53.

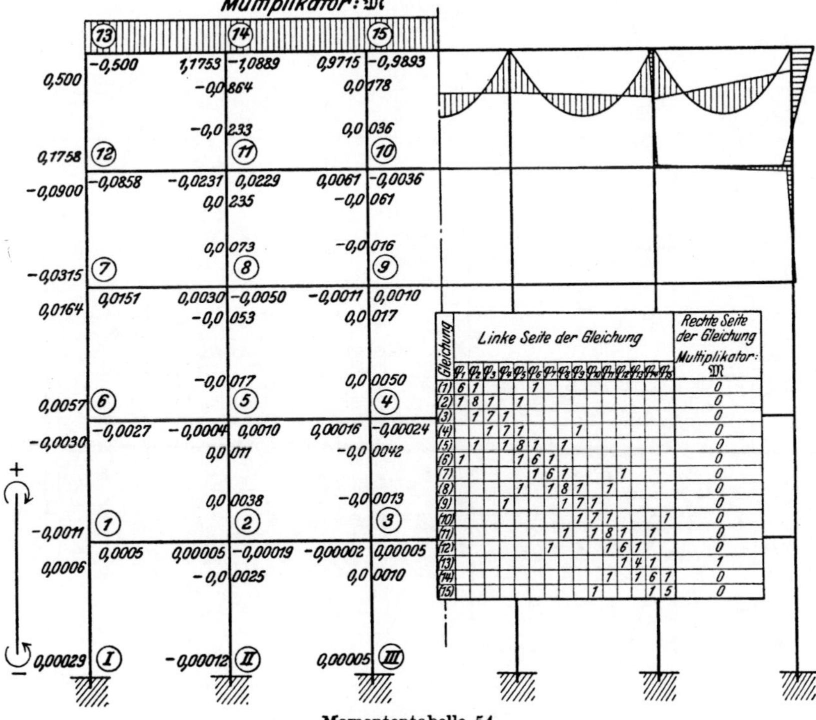

Gleichung	φ1	φ2	φ3	φ4	φ5	φ6	φ7	φ8	φ9	φ10	φ11	φ12	φ13	φ14	φ15	Rechte Seite der Gleichung. Multiplikator: 𝔐
(1)	6	1				1										0
(2)	1	8	1		1											0
(3)		1	7	1												0
(4)			1	7	1				1							0
(5)		1		1	8	1		1								0
(6)	1				1	6	1									0
(7)						1	6	1				1				0
(8)					1		1	8	1		1					0
(9)				1				1	7	1						0
(10)									1	7	1				1	0
(11)								1		1	8	1		1		0
(12)							1				1	6	1			0
(13)												1	4	1		1
(14)											1		1	6	1	0
(15)										1				1	5	0

Momententabelle 54.

Bemerkung: Multiplikator 𝔐 für beliebige Belastungen s. Tabelle Ib.

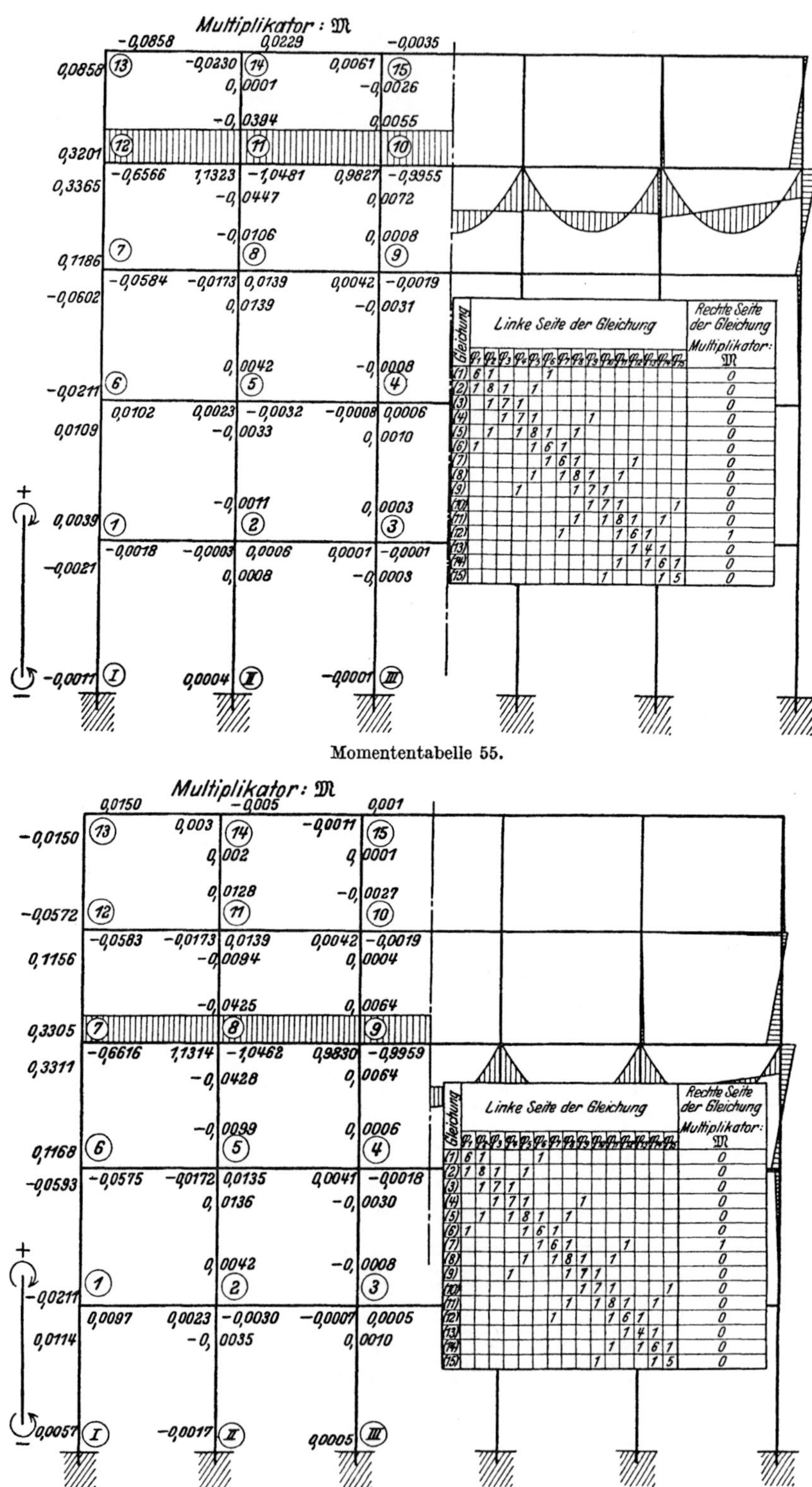

Momententabelle 55.

Momententabelle 56.

Bemerkung: Multiplikator $\mathfrak{M}$ für beliebige Belastungen s. Tabelle Ib.

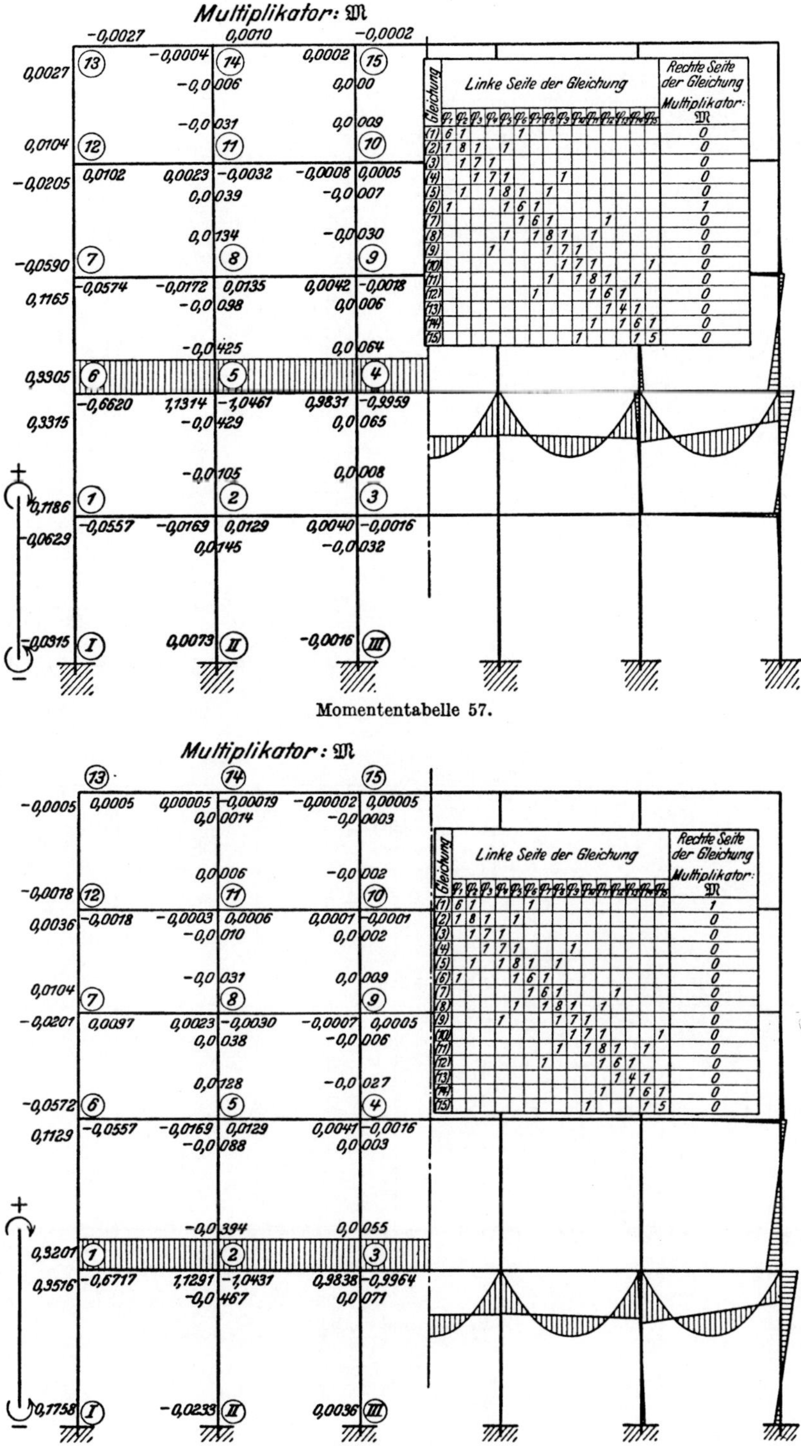

Bemerkung: Multiplikator 𝔐 für beliebige Belastungen s. Tabelle Ib.

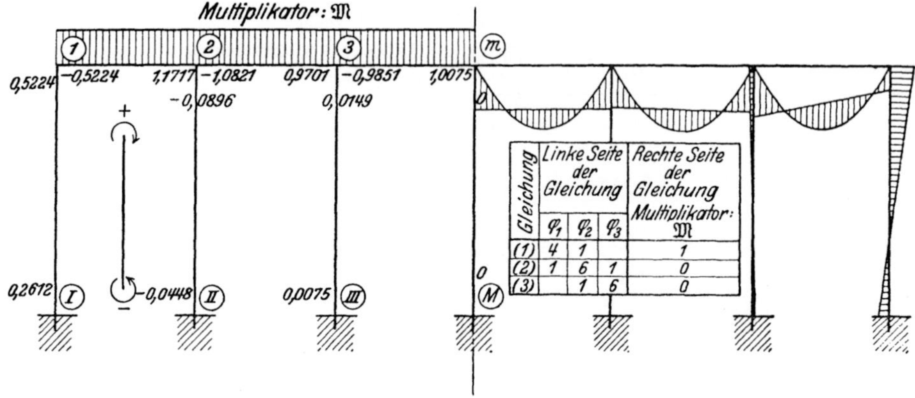

	Linke Seite der Gleichung			Rechte Seite der Gleichung Multiplikator: 𝔐
Gleichung	φ_1	φ_2	φ_3	
(1)	4	1		1
(2)	1	6	1	0
(3)		1	6	0

Momententabelle 59.

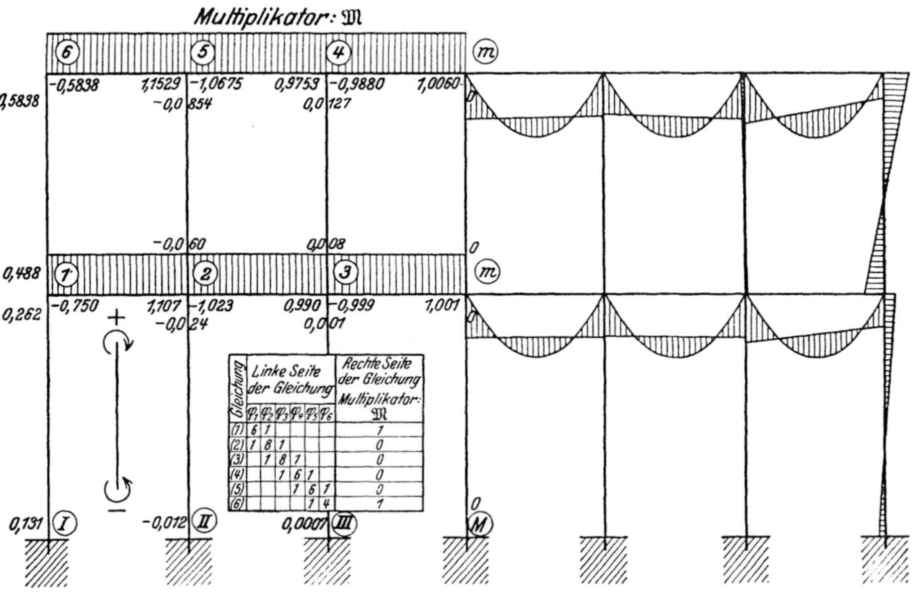

	Linke Seite der Gleichung						Rechte Seite der Gleichung Multiplikator: 𝔐
Gleichung	φ_1	φ_2	φ_3	φ_4	φ_5	φ_6	
(1)	6	1					1
(2)	1	8	1				0
(3)		1	8	1			0
(4)			1	6	1		0
(5)				1	6	1	0
(6)					1	4	1

Momententabelle 60.

Bemerkung: Multiplikator 𝔐 für beliebige Belastungen s. Tabelle I b.

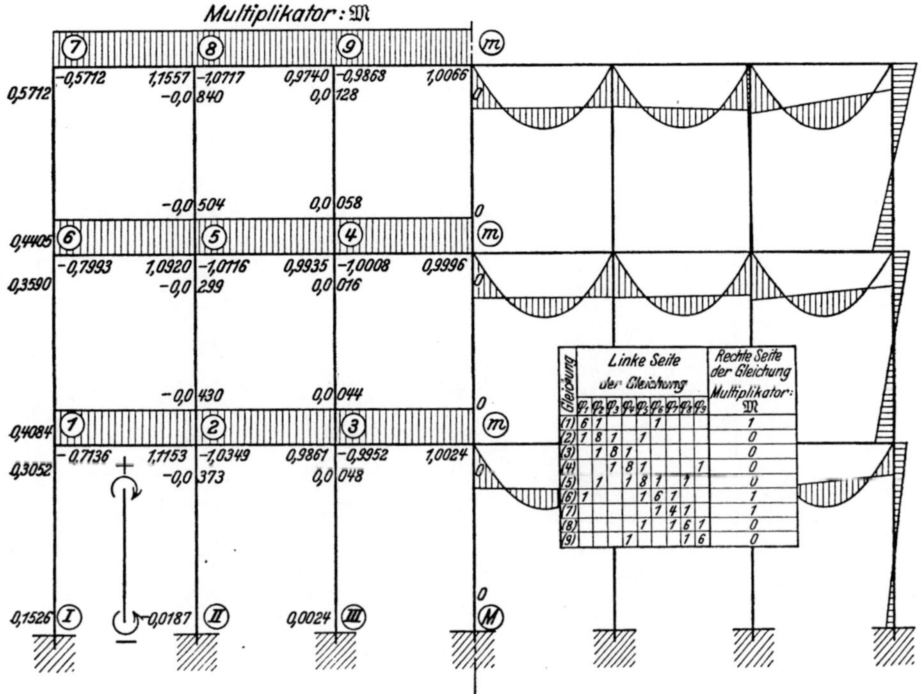

Momententabelle 61.

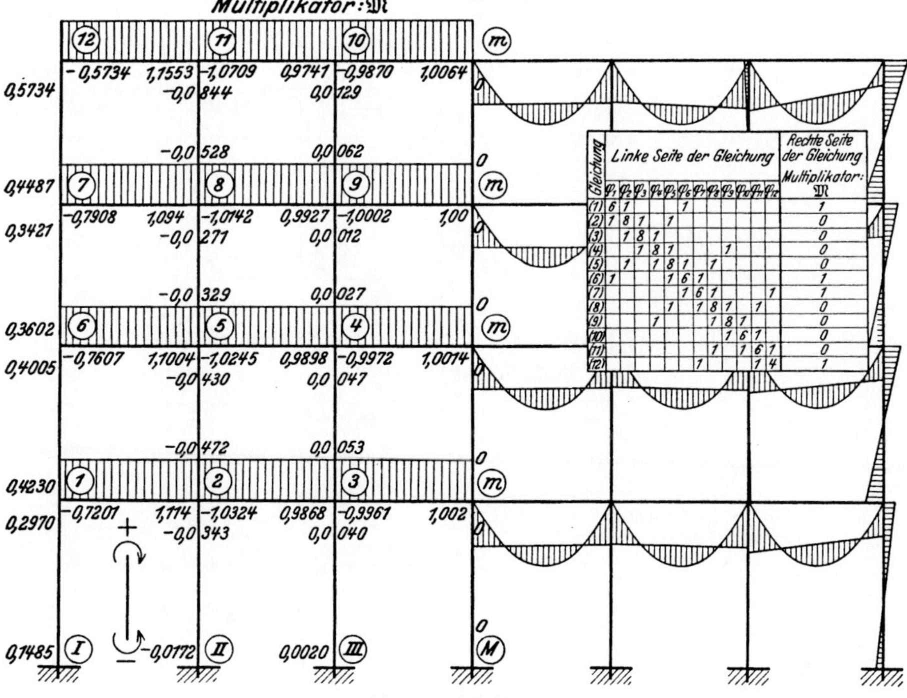

Momententabelle 62.

Bemerkung: Multiplikator $\mathfrak{M}$ für beliebige Belastungen s. Tabelle Ib.

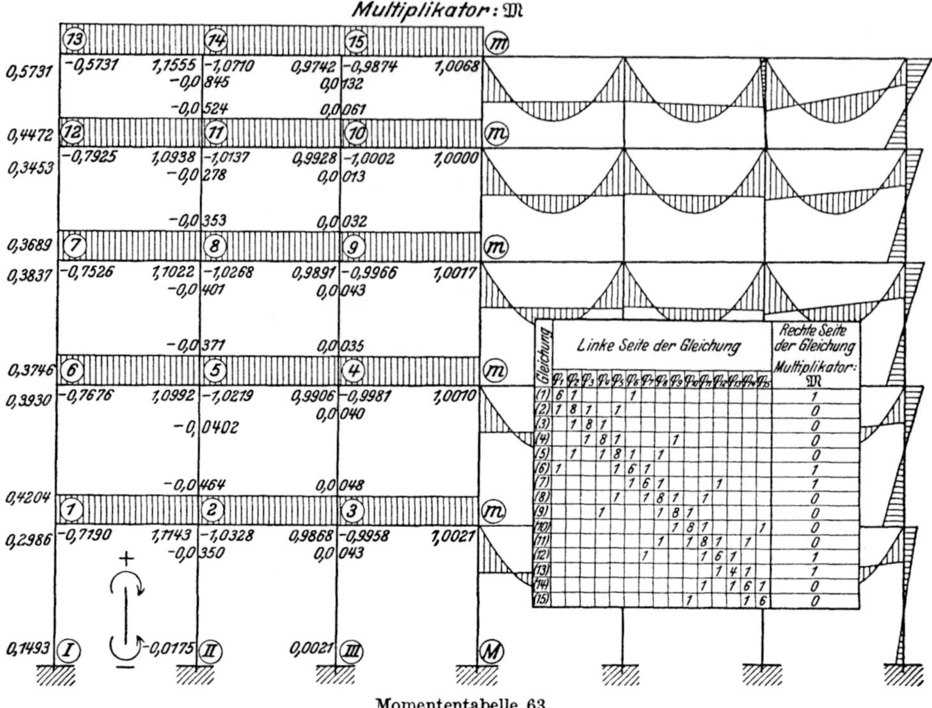

Momententabelle 63.

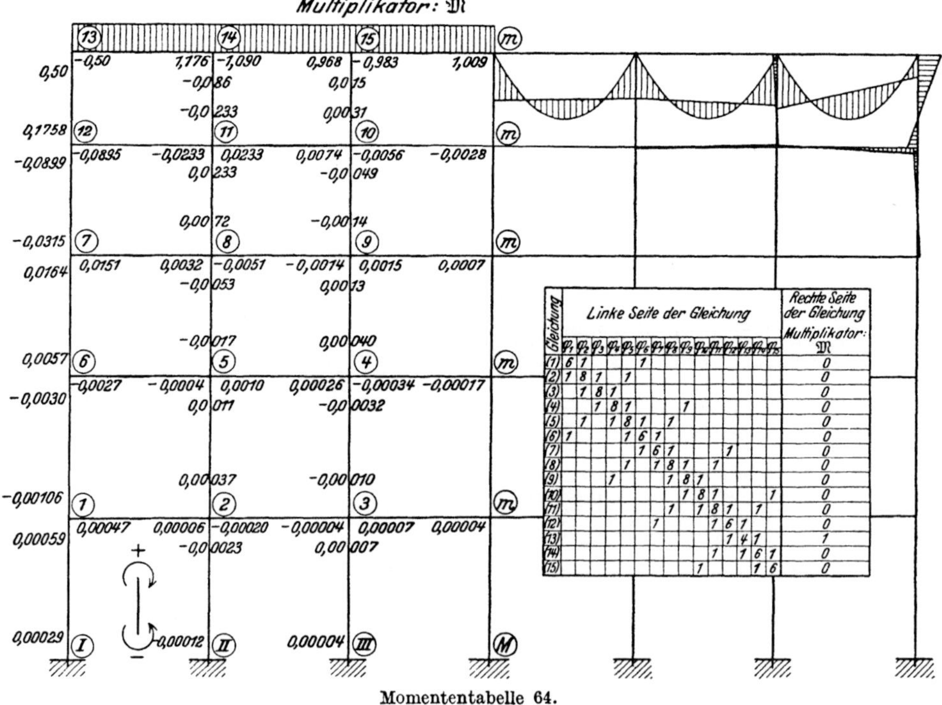

Momententabelle 64.

Bemerkung: Multiplikator $\mathfrak{M}$ für beliebige Belastungen s. Tabelle Ib.

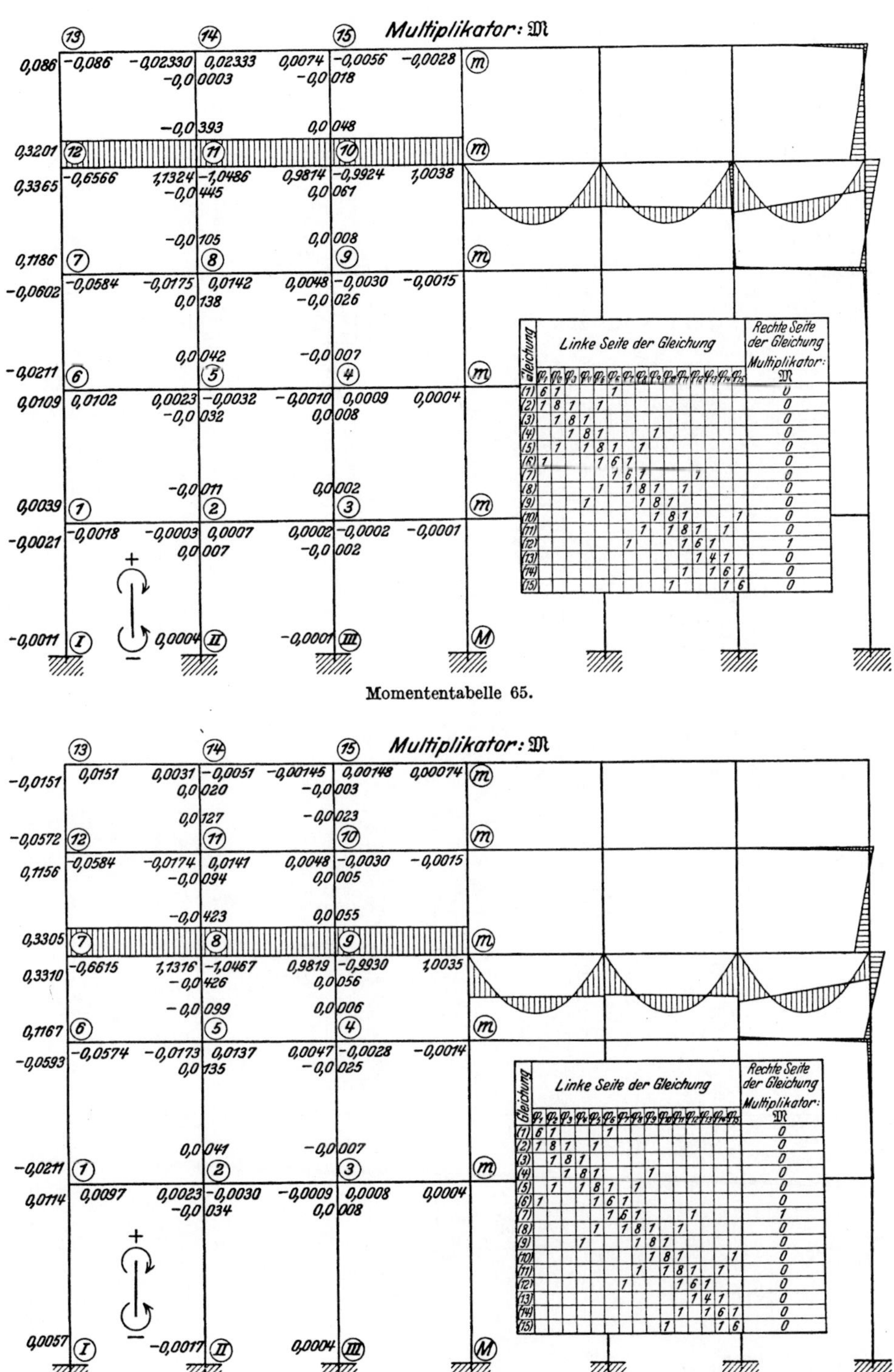

Momententabelle 65.

Linke Seite der Gleichung / Rechte Seite der Gleichung — Multiplikator: 𝔐

Gleichung	φ_1	φ_2	φ_3	φ_4	φ_5	φ_6	φ_7	φ_8	φ_9	φ_{10}	φ_{11}	φ_{12}	φ_{13}	φ_{14}	φ_{15}	𝔐
(1)	6	1				1										0
(2)	1	8	1		1											0
(3)		1	8	1												0
(4)			1	8	1				1							0
(5)		1		1	8	1		1								0
(6)	1				1	6	1									0
(7)						1	6	1				1				0
(8)					1		1	8	1		1					0
(9)				1				1	8	1						0
(10)									1	8	1				1	0
(11)								1		1	8	1		1		0
(12)							1				1	6	1			1
(13)												1	4	1		0
(14)											1		1	6	1	0
(15)										1				1	6	0

Linke Seite der Gleichung / Rechte Seite der Gleichung — Multiplikator: 𝔐

Gleichung	φ_1	φ_2	φ_3	φ_4	φ_5	φ_6	φ_7	φ_8	φ_9	φ_{10}	φ_{11}	φ_{12}	φ_{13}	φ_{14}	φ_{15}	𝔐
(1)	6	1				1										0
(2)	1	8	1		1											0
(3)		1	8	1												0
(4)			1	8	1				1							0
(5)		1		1	8	1		1								0
(6)	1				1	6	1									0
(7)						1	6	1				1				1
(8)					1		1	8	1		1					0
(9)				1				1	8	1						0
(10)									1	8	1				1	0
(11)								1		1	8	1		1		0
(12)							1				1	6	1			0
(13)												1	4	1		0
(14)											1		1	6	1	0
(15)										1				1	6	0

Momententabelle 66.

Bemerkung: Multiplikator 𝔐 für beliebige Belastungen s. Tabelle Ib.

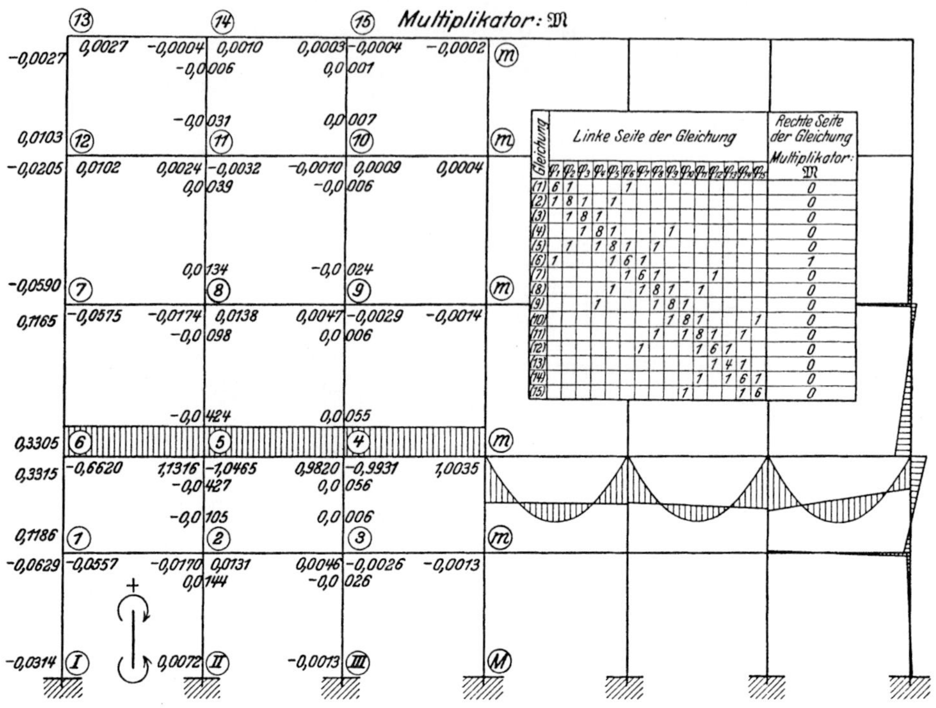

Momententabelle 67.

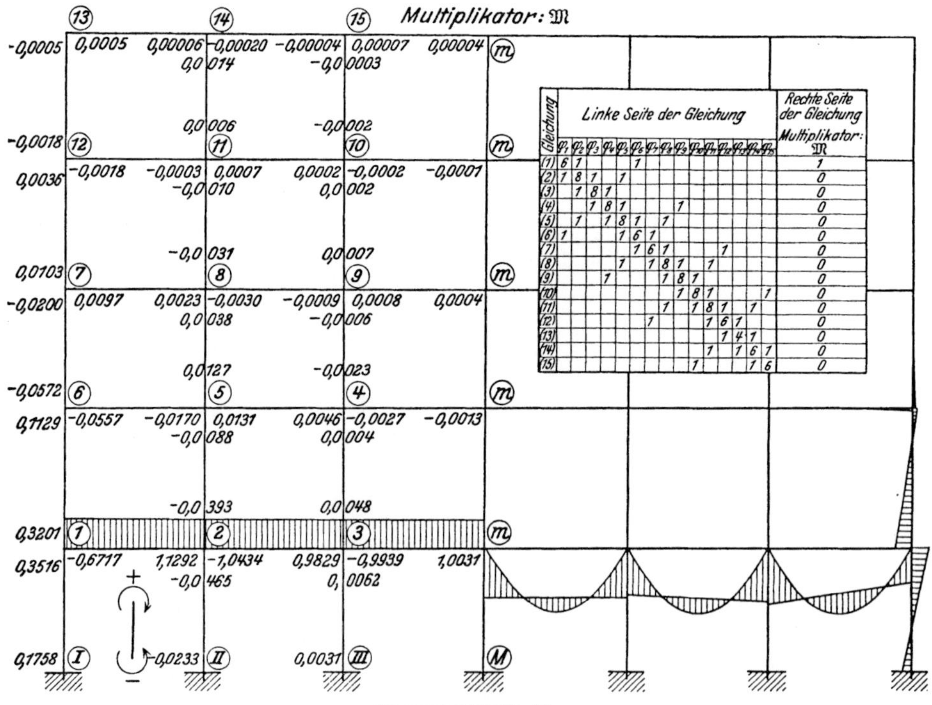

Momententabelle 68.

Bemerkung: Multiplikator 𝔐 für beliebige Belastungen s. Tabelle Ib.

Zweites Kapitel

Eingespannter, symmetrischer Rahmen mit waagerechter Einzellast in dem Knotenpunkt auf der vertikalen linken Seite des Rahmengebildes.

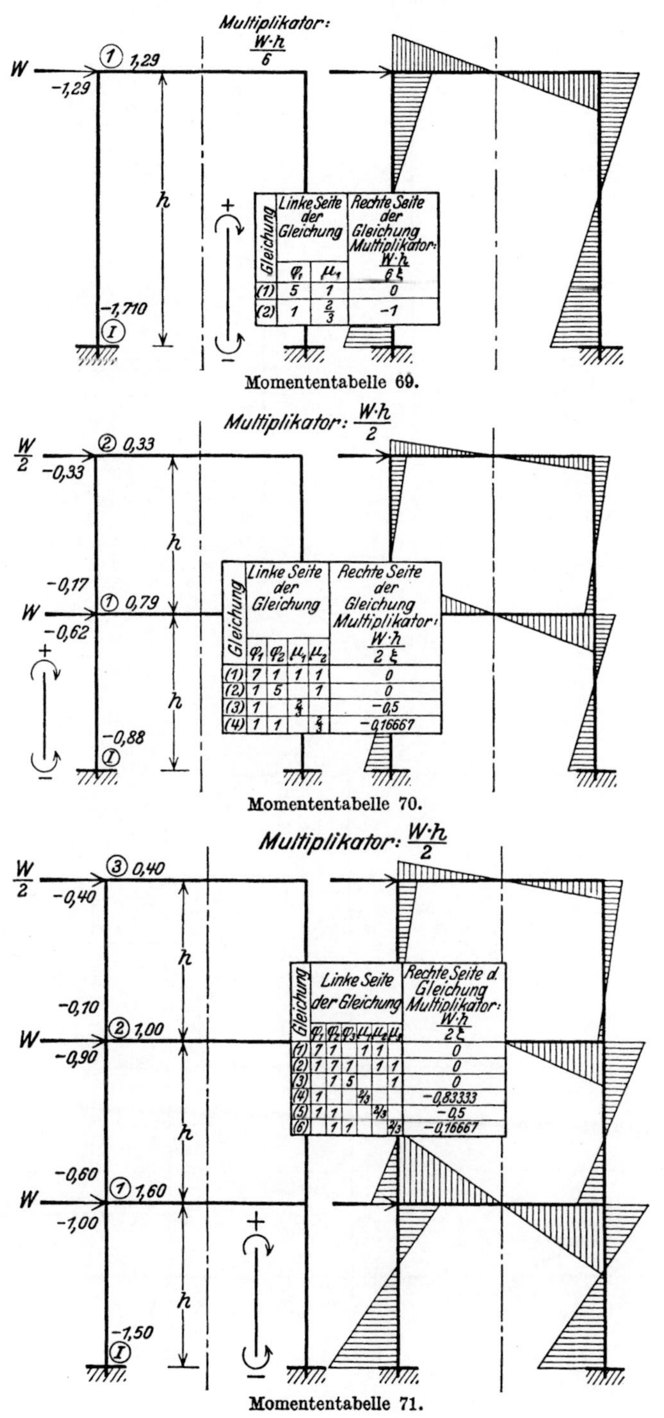

Momententabelle 69.

Gleichung	Linke Seite der Gleichung		Rechte Seite der Gleichung Multiplikator: $\dfrac{W\cdot h}{6}\,\xi$
	φ_1	μ_1	
(1)	5	1	0
(2)	1	$\tfrac{2}{3}$	−1

Momententabelle 70.

Gleichung	Linke Seite der Gleichung				Rechte Seite der Gleichung Multiplikator: $\dfrac{W\cdot h}{2}\,\xi$
	φ_1	φ_2	μ_1	μ_2	
(1)	7	1	1	1	0
(2)	1	5		1	0
(3)	1		$\tfrac{2}{4}$		−0,5
(4)	1	1		$\tfrac{2}{3}$	−0,16667

Momententabelle 71.

Gleichung	Linke Seite der Gleichung						Rechte Seite d. Gleichung Multiplikator: $\dfrac{W\cdot h}{2}\,\xi$
	φ_1	φ_2	φ_3	μ_1	μ_2	μ_3	
(1)	7	1		1	1		0
(2)	1	7	1		1	1	0
(3)		1	5			1	0
(4)	1			$\tfrac{2}{3}$			−0,83333
(5)	1	1			$\tfrac{2}{3}$		−0,5
(6)		1	1			$\tfrac{2}{3}$	−0,16667

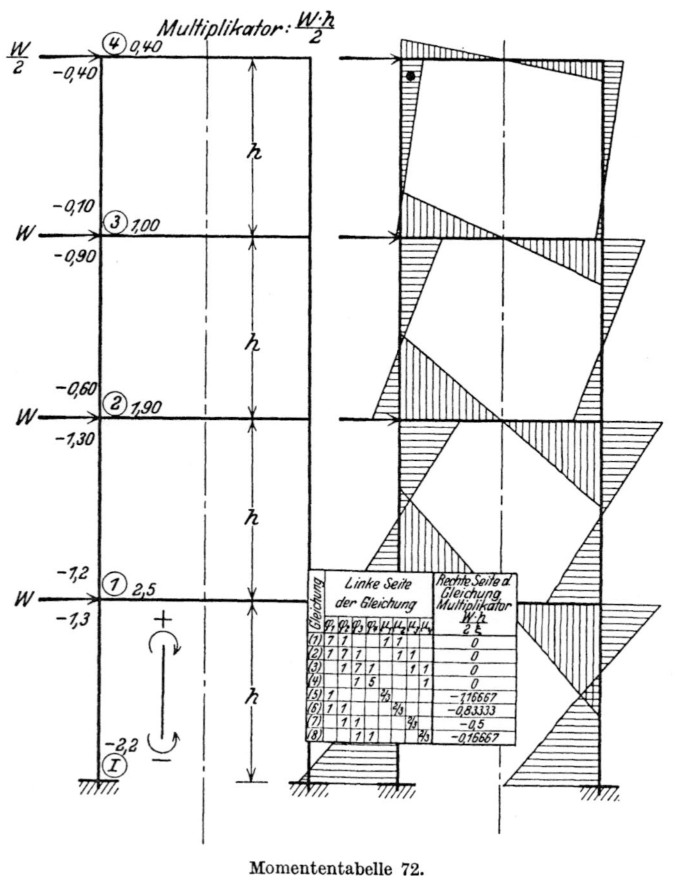

Gleichung	Linke Seite der Gleichung								Rechte Seite d. Gleichung Multiplikator $\frac{W \cdot h}{2\,\xi}$
	φ_1	φ_2	φ_3	φ_4	μ_1	μ_2	μ_3	μ_4	
(1)	7	1			1	1			0
(2)	1	7	1			1	1		0
(3)		1	7	1			1	1	0
(4)			1	5				1	0
(5)	1				2/3				−1,16667
(6)	1	1				2/3			−0,83333
(7)		1	1				2/3		−0,5
(8)			1	1				2/3	−0,16667

Momententabelle 72.

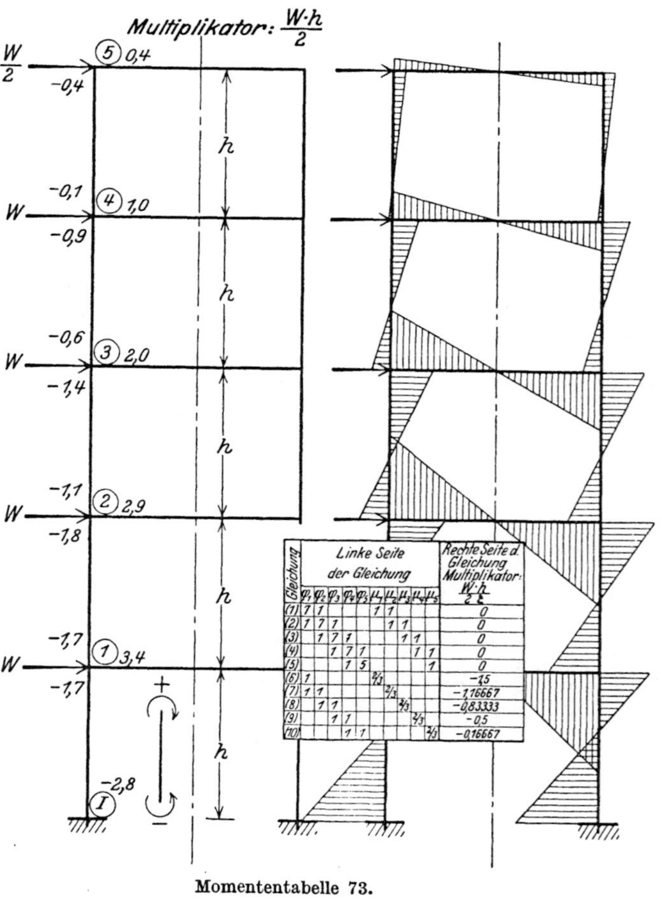

Gleichung	Linke Seite der Gleichung										Rechte Seite d. Gleichung Multiplikator $\frac{W \cdot h}{2\,\xi}$
	φ_1	φ_2	φ_3	φ_4	φ_5	μ_1	μ_2	μ_3	μ_4	μ_5	
(1)	7	1				1	1				0
(2)	1	7	1				1	1			0
(3)		1	7	1				1	1		0
(4)			1	7	1				1	1	0
(5)				1	5					1	0
(6)	1					2/3					−1,5
(7)	1	1					2/3				−1,16667
(8)		1	1					2/3			−0,83333
(9)			1	1					2/3		−0,5
(10)				1	1					2/3	−0,16667

Momententabelle 73.

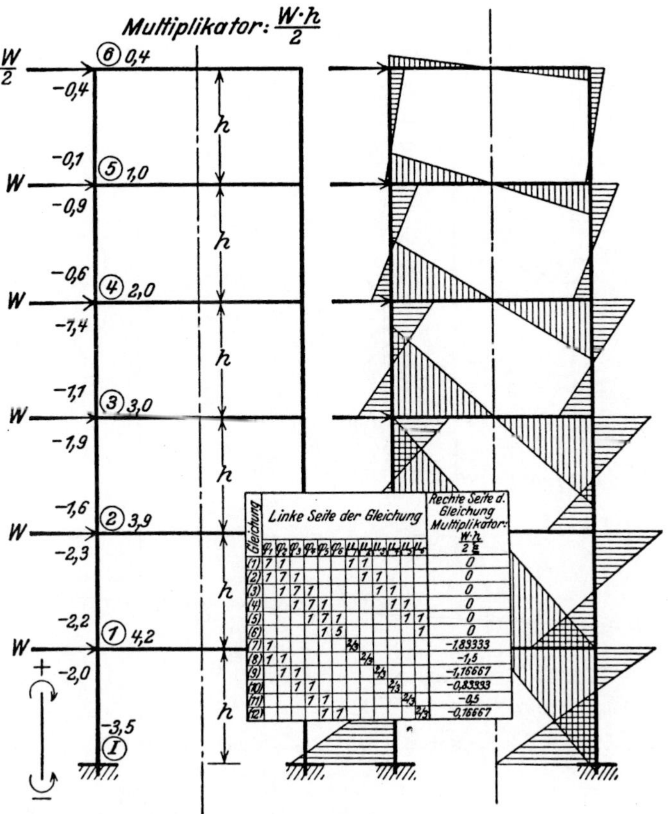

Gleichung	Linke Seite der Gleichung												Rechte Seite d. Gleichung Multiplikator: $\dfrac{W \cdot h}{2}\,\xi$
	φ_1	φ_2	φ_3	φ_4	φ_5	φ_6	μ_1	μ_2	μ_3	μ_4	μ_5	μ_6	
(1)	1	1					1	1					0
(2)	1	1	1					1	1				0
(3)		1	1	1					1	1			0
(4)			1	1	1					1	1		0
(5)				1	1	1					1	1	0
(6)					1	5						1	0
(7)	1						$\frac{2}{3}$						−1,83333
(8)	1	1						$\frac{2}{3}$					−1,5
(9)		1	1						$\frac{2}{3}$				−1,16667
(10)			1	1						$\frac{2}{3}$			−0,83333
(11)				1	1						$\frac{2}{3}$		−0,5
(12)					1	1						$\frac{2}{3}$	−0,16667

Momententabelle 74.

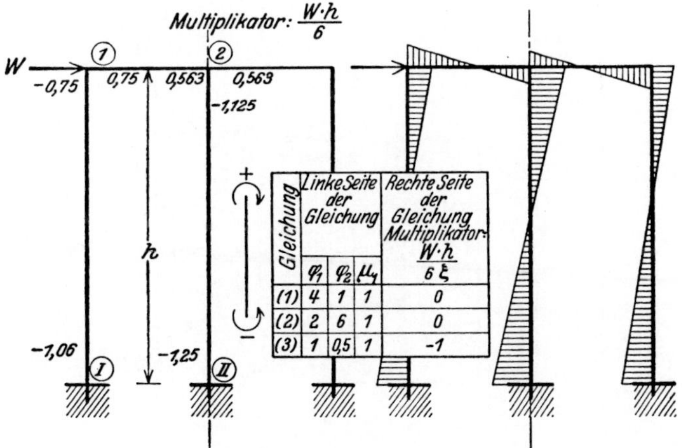

Gleichung	Linke Seite der Gleichung			Rechte Seite der Gleichung Multiplikator: $\dfrac{W \cdot h}{6}\,\xi$
	φ_1	φ_2	μ_1	
(1)	4	1	1	0
(2)	2	6	1	0
(3)	1	0,5	1	−1

Momententabelle 75.

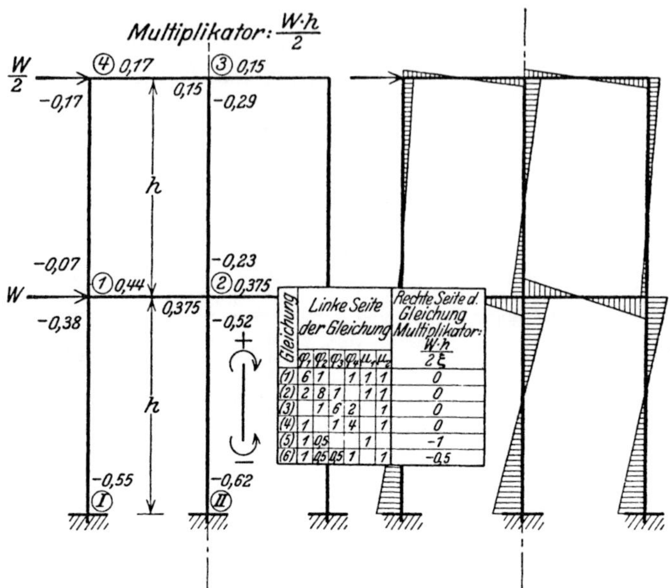

Gleichung	Linke Seite der Gleichung						Rechte Seite d. Gleichung Multiplikator: $\dfrac{W \cdot h}{2\,\xi}$
	φ_1	φ_2	φ_3	φ_4	μ_1	μ_2	
(1)	6	1		1	1	1	0
(2)	2	8	1		1	1	0
(3)		1	6	2		1	0
(4)	1		1	4		1	0
(5)	1	0,5			1		−1
(6)	1	0,5	0,5	1		1	−0,5

Momententabelle 76.

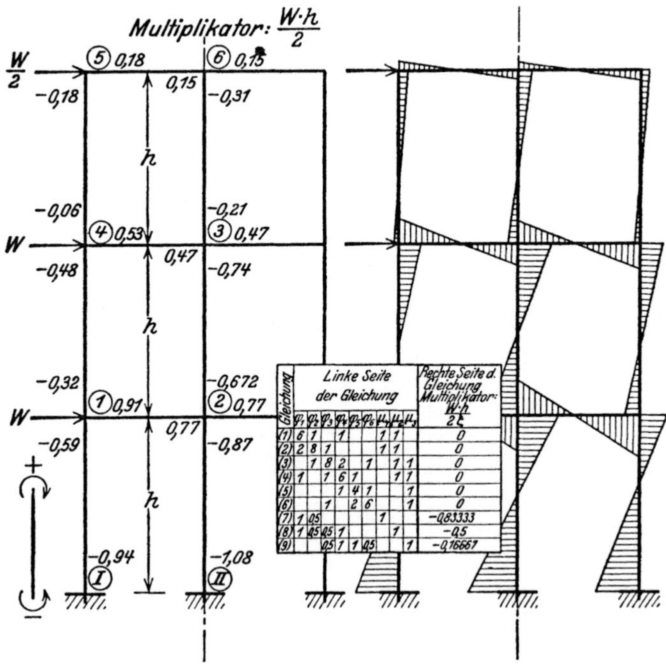

Gleichung	Linke Seite der Gleichung									Rechte Seite d. Gleichung Multiplikator: $\dfrac{W \cdot h}{2\,\xi}$
	φ_1	φ_2	φ_3	φ_4	φ_5	φ_6	μ_1	μ_2	μ_3	
(1)	6	1		1			1	1		0
(2)	2	8	1				1	1		0
(3)		1	8	2		1		1	1	0
(4)	1		1	6	1			1	1	0
(5)				1	4	1			1	0
(6)			1		2	6			1	0
(7)	1	0,5					1			−0,83333
(8)	1	0,5	0,5	1				1		−0,5
(9)			0,5	1	1	0,5			1	−0,16667

Momententabelle 77.

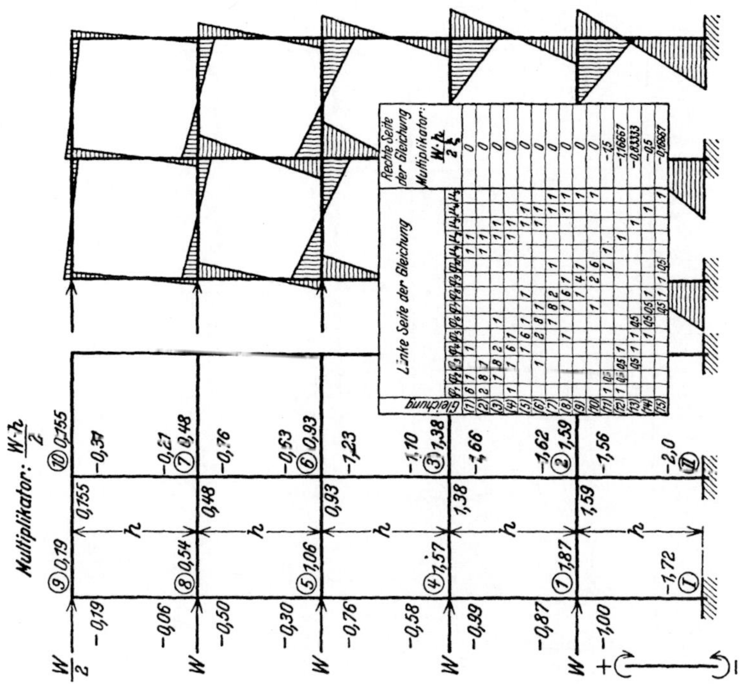

Momententabelle 79.

Momententabelle 78.

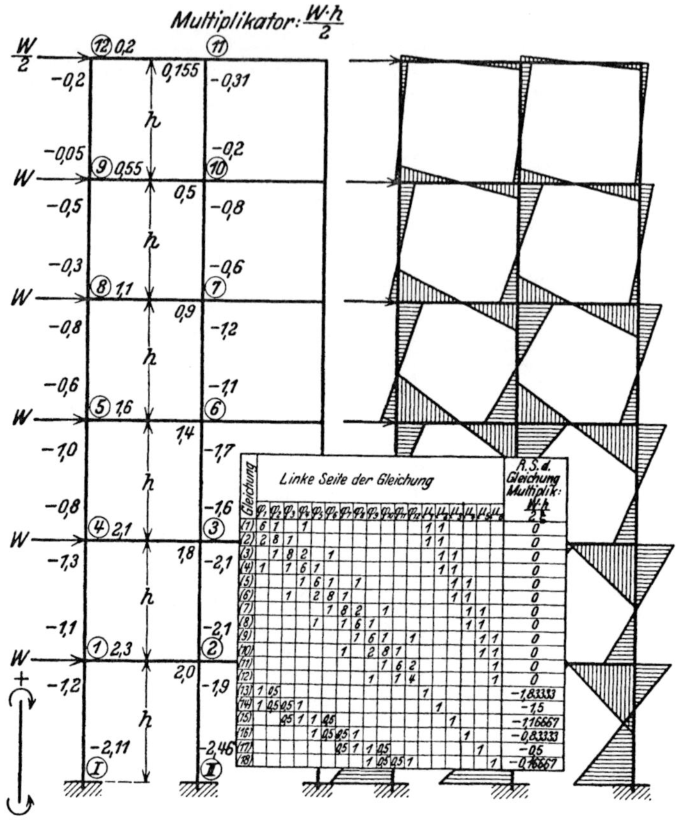

Gleichung	φ_1	φ_2	φ_3	φ_4	φ_5	φ_6	φ_7	φ_8	φ_9	φ_{10}	φ_{11}	φ_{12}	μ_1	μ_2	μ_3	μ_4	μ_5	μ_6	R.S.d. Gleichung Multiplik. $\frac{W \cdot h}{2\xi}$
(1)	6	1		1									1	1					0
(2)	2	8	1										1	1					0
(3)		1	8	2		1								1	1				0
(4)	1		1	6	1									1	1				0
(5)				1	6	1		1							1	1			0
(6)			1		2	8	1								1	1			0
(7)						1	8	2		1						1	1		0
(8)					1		1	6	1							1	1		0
(9)								1	6	1		1					1	1	0
(10)							1		2	8	1						1	1	0
(11)										1	6	2						1	0
(12)									1		1	4						1	0
(13)	1	0,5											1						-1,83333
(14)	1	0,5	0,5	1										1					-1,5
(15)			0,5	1	1	0,5									1				-1,16667
(16)					1	0,5	0,5	1								1			-0,83333
(17)							0,5	1	1	0,5							1		-0,5
(18)									1	0,5	0,5	1						1	-0,16667

Momententabelle 80.

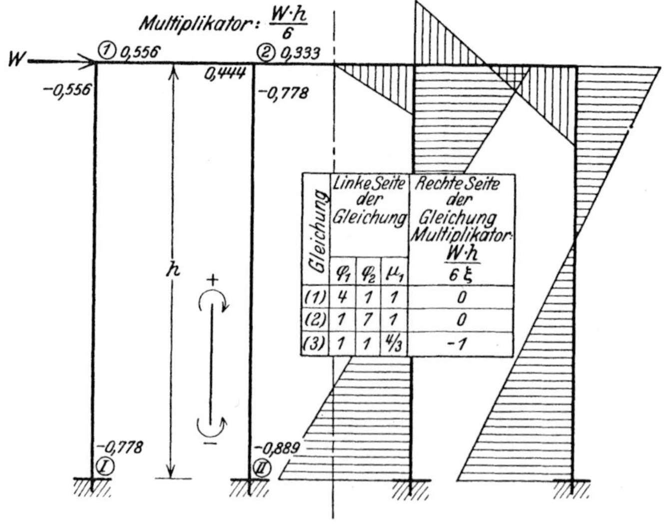

Gleichung	Linke Seite der Gleichung			Rechte Seite der Gleichung Multiplikator: $\frac{W \cdot h}{6\xi}$
	φ_1	φ_2	μ_1	
(1)	4	1	1	0
(2)	1	7	1	0
(3)	1	1	$\frac{4}{3}$	-1

Momententabelle 81.

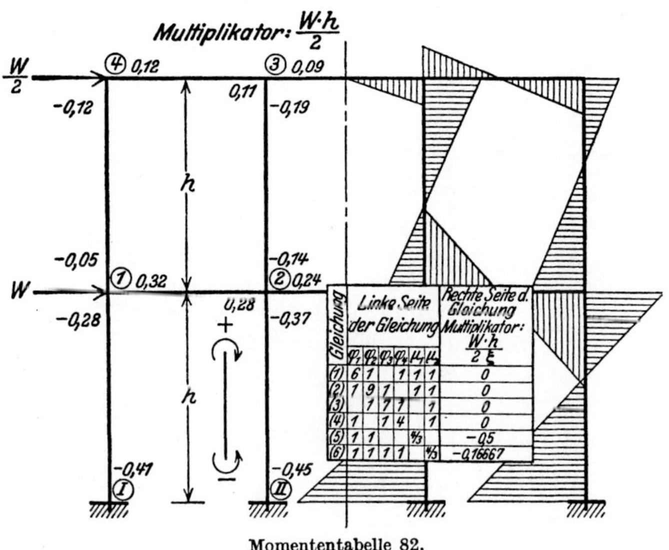

Gleichung	Linke Seite der Gleichung						Rechte Seite d. Gleichung Multiplikator: $\frac{W \cdot h}{2}\xi$
	φ_1	φ_2	φ_3	φ_4	μ_1	μ	
(1)	6	1		1	1	1	0
(2)	1	9	1		1	1	0
(3)		1	1	1		1	0
(4)	1		1	4		1	0
(5)	1	1			⁴⁄₃		-0,5
(6)	1	1	1	1		⁴⁄₃	-0,16667

Momententabelle 82.

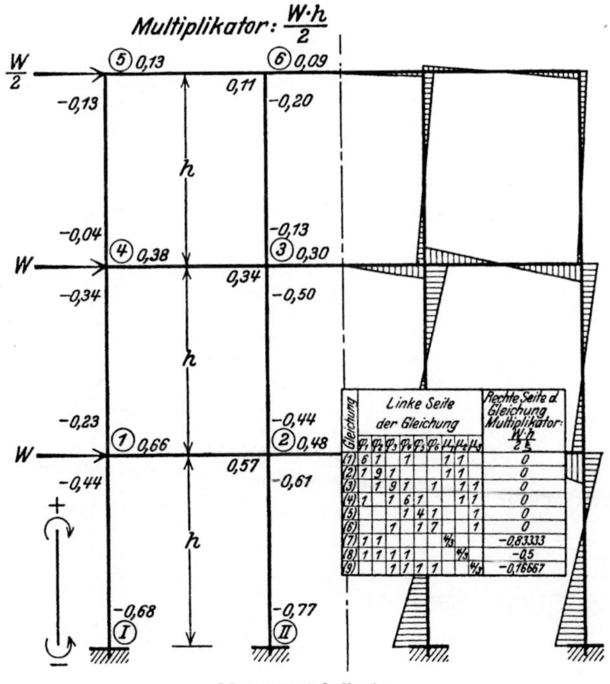

Gleichung	Linke Seite der Gleichung									Rechte Seite d. Gleichung Multiplikator: $\frac{W \cdot h}{2}\xi$
	φ_1	φ_2	φ_3	φ_4	φ_5	φ_6	μ_1	μ_2	μ_3	
(1)	6	1		1			1	1		0
(2)	1	9	1				1	1		0
(3)		1	9	1		1		1	1	0
(4)	1		1	6	1			1	1	0
(5)				1	4	1			1	0
(6)			1		1	7			1	0
(7)	1	1					⁴⁄₃			-0,83333
(8)	1	1	1	1				⁴⁄₃		-0,5
(9)			1	1	1	1			⁴⁄₃	-0,16667

Momententabelle 83.

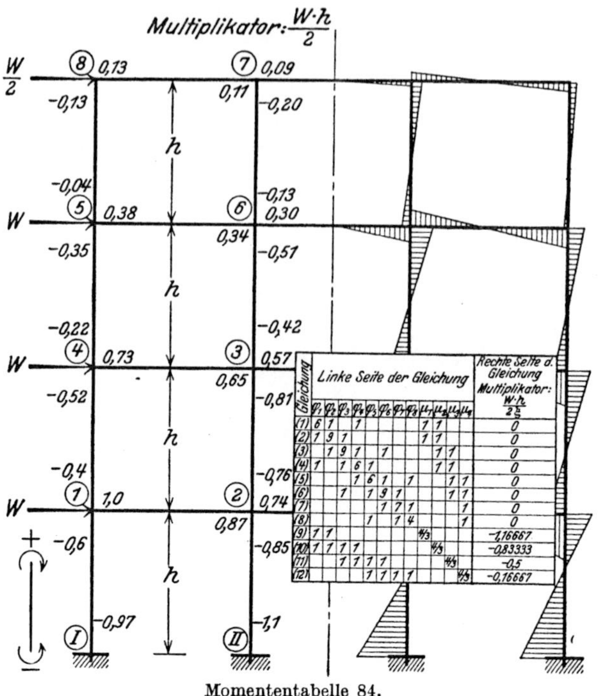

Momententabelle 84.

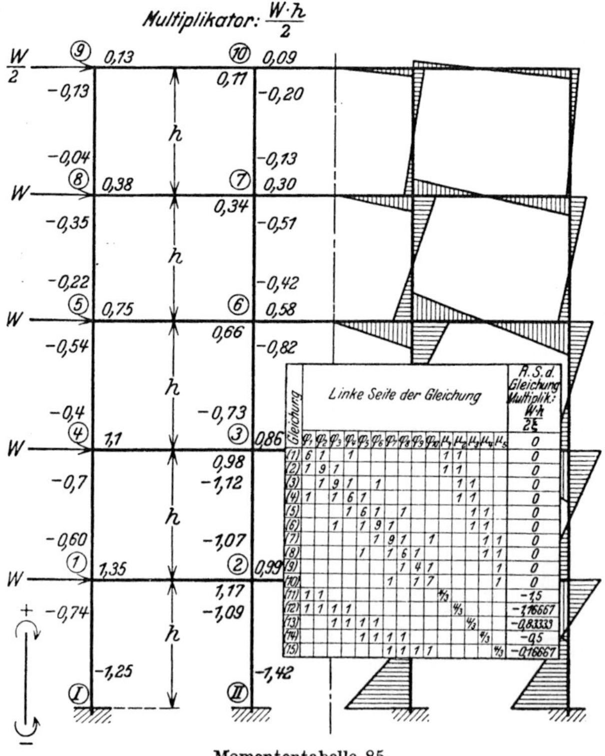

Momententabelle 85.

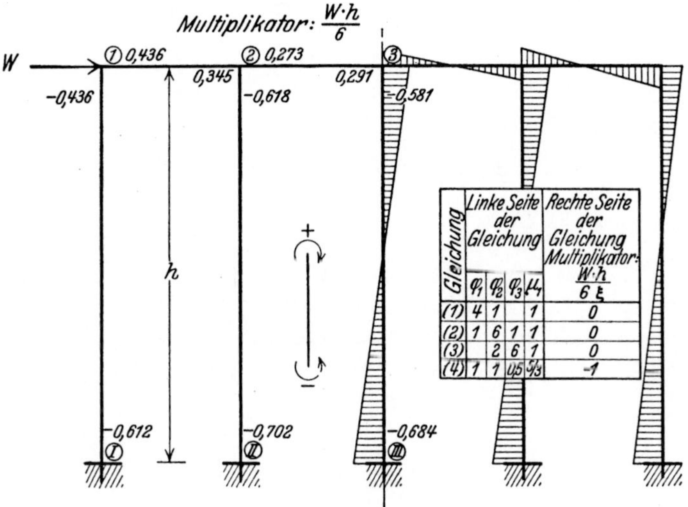

Gleichung	Linke Seite der Gleichung				Rechte Seite der Gleichung Multiplikator: $\dfrac{W \cdot h}{6}\xi$
	φ_1	φ_2	φ_3	μ_1	
(1)	4	1		1	0
(2)	1	6	1	1	0
(3)		2	6	1	0
(4)	1	1	0,5	5/3	-1

Momententabelle 86.

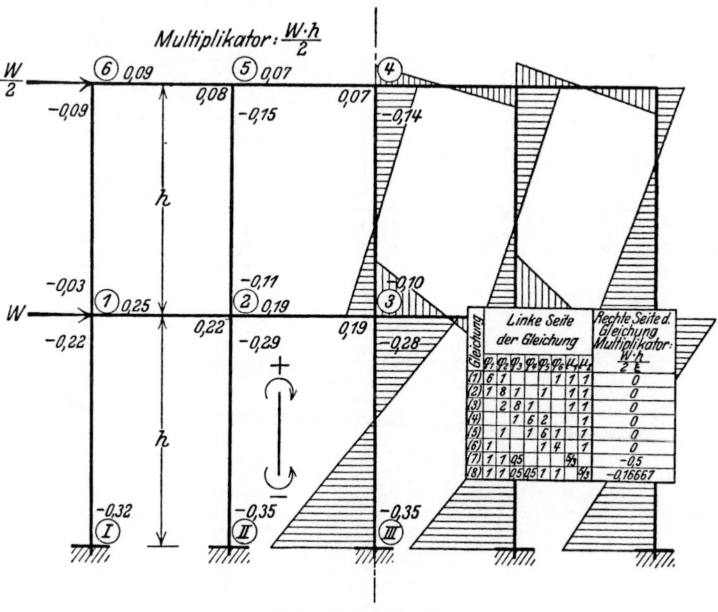

Gleichung	Linke Seite der Gleichung								Rechte Seite d. Gleichung Multiplikator: $\dfrac{W \cdot h}{2}\xi$
	φ_1	φ_2	φ_3	φ_4	φ_5	φ_6	μ_1	μ_2	
(1)	6	1				1	1	1	0
(2)	1	8	1		1		1	1	0
(3)		2	8	1			1	1	0
(4)			1	6	2			1	0
(5)		1		1	6	1		1	0
(6)	1				1	4		1	0
(7)	1	1	0,5				5/3		-0,5
(8)	1	1	0,5	0,5	1	1		5/3	-0,16667

Momententabelle 87.

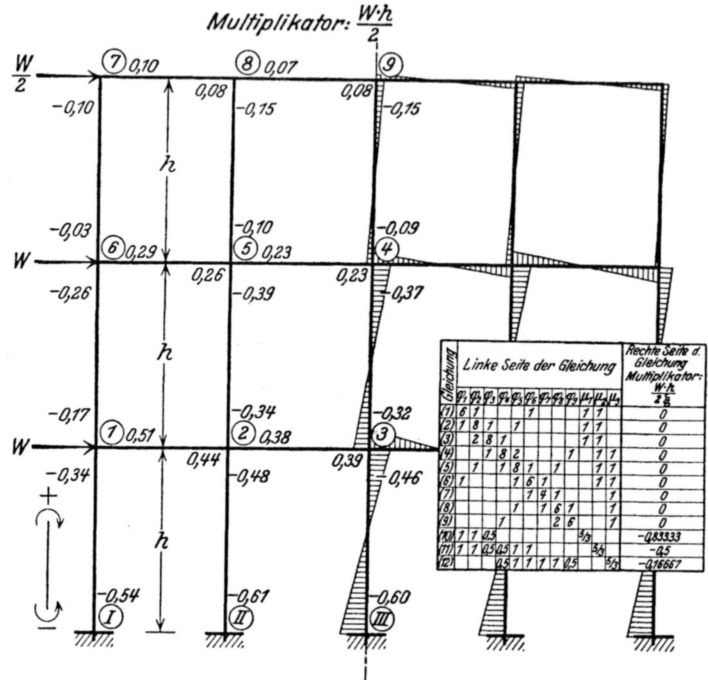

Gleichung	φ_1	φ_2	φ_3	φ_4	φ_5	φ_6	φ_7	φ_8	φ_9	μ_1	μ_2	μ_3	Rechte Seite d. Gleichung Multiplikator: $\frac{W\cdot h}{2\varepsilon}$
(1)	6	1				1				1	1		0
(2)	1	8	1		1					1	1		0
(3)		2	8	1						1	1		0
(4)			1	8	2				1		1	1	0
(5)		1		1	8	1		1			1	1	0
(6)	1				1	6	1				1	1	0
(7)						1	4	1				1	0
(8)					1		1	6	1			1	0
(9)				1				2	6			1	0
(10)	1	1	0,5							5/3			−0,83333
(11)	1	1	0,5	0,5	1	1					5/3		−0,5
(12)				0,5	1	1	1	1	0,5			5/3	−0,16667

Momententabelle 88.

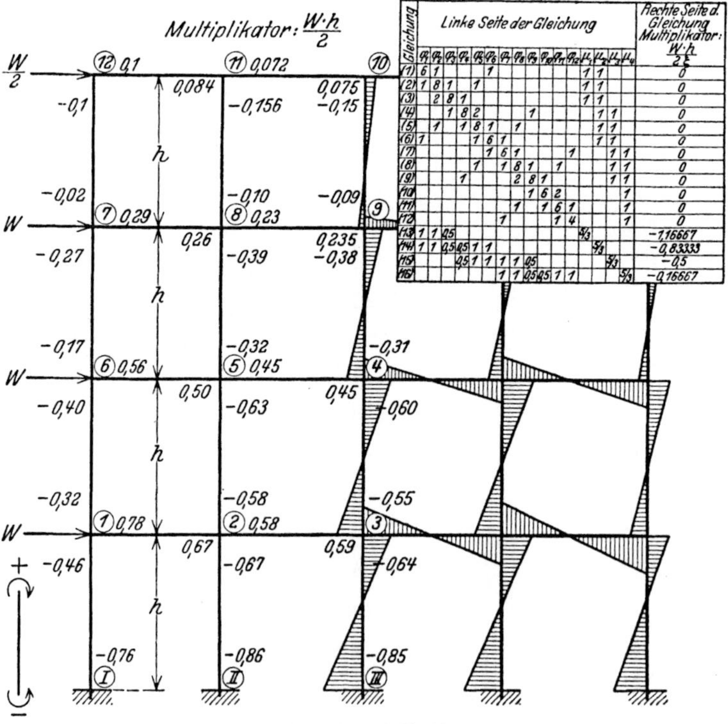

Gleichung	φ_1	φ_2	φ_3	φ_4	φ_5	φ_6	φ_7	φ_8	φ_9	φ_{10}	φ_{11}	φ_{12}	μ_1	μ_2	μ_3	μ_4	Rechte Seite d. Gleichung Multiplikator: $\frac{W\cdot h}{2\varepsilon}$
(1)	6	1				1							1	1			0
(2)	1	8	1		1								1	1			0
(3)		2	8	1									1	1			0
(4)			1	8	2				1					1	1		0
(5)		1		1	8	1		1						1	1		0
(6)	1				1	6	1							1	1		0
(7)						1	6	1				1			1	1	0
(8)					1		1	8	1		1				1	1	0
(9)				1				2	8	1					1	1	0
(10)									1	6	2					1	0
(11)								1		1	6	1				1	0
(12)							1				1	4				1	0
(13)	1	1	0,5										5/3				−1,16667
(14)	1	1	0,5	0,5	1	1								5/3			−0,83333
(15)				0,5	1	1	1	1	0,5						5/3		−0,5
(16)							1	1	0,5	0,5	1	1				5/3	−0,16667

Momententabelle 89.

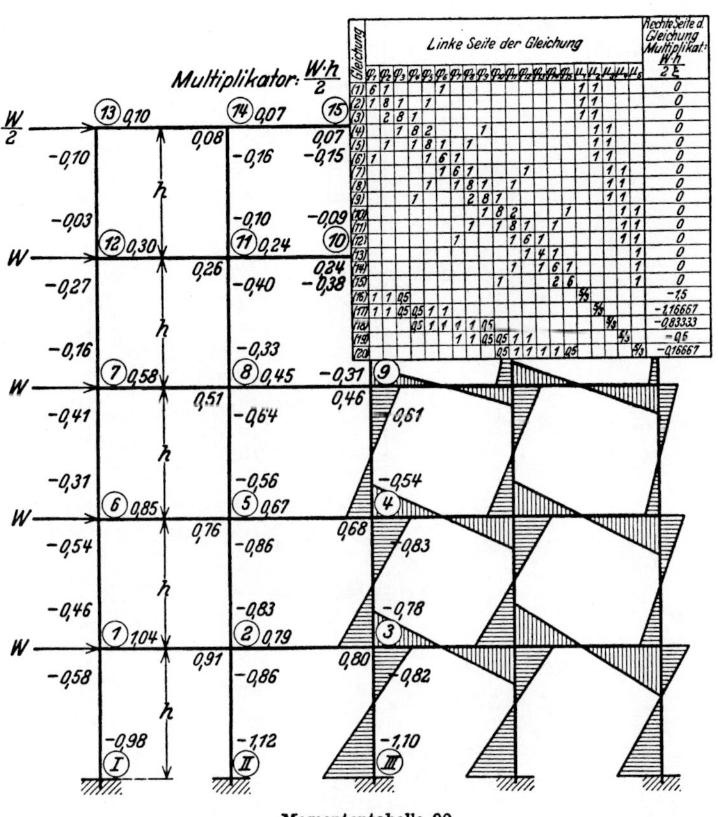

Gleichung	φ_1	φ_2	φ_3	φ_4	φ_5	φ_6	φ_7	φ_8	φ_9	φ_{10}	φ_{11}	φ_{12}	φ_{13}	φ_{14}	φ_{15}	μ_1	μ_2	μ_3	μ_4	μ_5	$\dfrac{W \cdot h}{2\xi}$
(1)	6	1				1										1	1				0
(2)	1	8	1		1											1	1				0
(3)		2	8	1												1	1				0
(4)			1	8	2				1								1	1			0
(5)		1		1	8	1		1									1	1			0
(6)	1				1	6	1										1	1			0
(7)						1	6	1				1						1	1		0
(8)					1		1	8	1		1							1	1		0
(9)				1				2	8	1								1	1		0
(10)									1	8	2				1				1	1	0
(11)								1		1	8	1		1					1	1	0
(12)							1				1	6	1						1	1	0
(13)												1	4	1						1	0
(14)											1		1	6	1					1	0
(15)										1				2	6					1	0
(16)	1	1	0,5													⅔					−1,5
(17)	1	1	0,5	0,5	1	1											⅔				−1,16667
(18)			0,5	1	1	1	1	0,5										⅔			−0,83333
(19)							1	1	0,5	0,5	1	1							⅔		−0,5
(20)										0,5	1	1	1	1	0,5					⅔	−0,16667

Momententabelle 90.

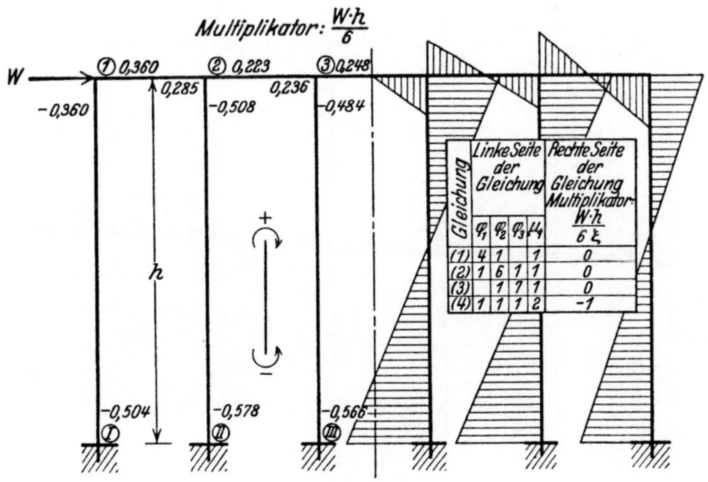

Gleichung	φ_1	φ_2	φ_3	μ	$\dfrac{W \cdot h}{6\xi}$
(1)	4	1		1	0
(2)	1	6	1	1	0
(3)		1	1	1	0
(4)	1	1	1	2	−1

Momententabelle 91.

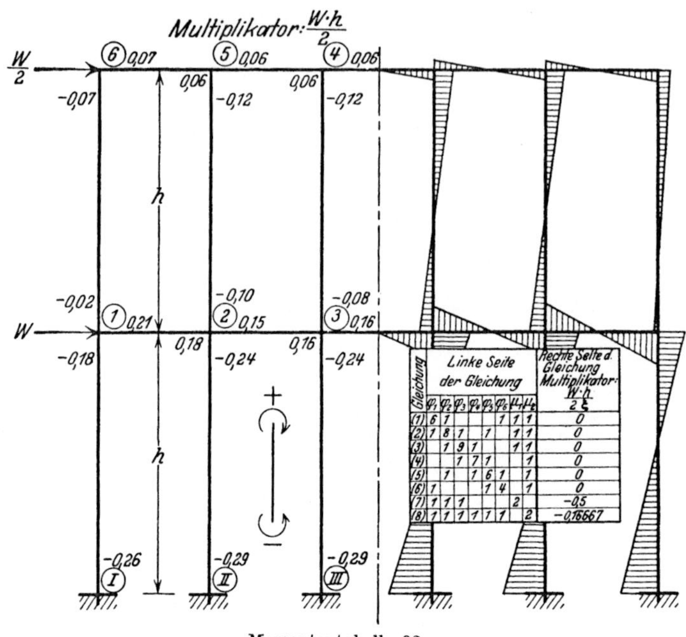

Gleichung	φ1	φ2	φ3	φ4	φ5	φ6	μ1	μ2	Rechte Seite d. Gleichung Multiplikator: W·h/2ξ
(1)	6	1				1	1	1	0
(2)	1	8	1		1		1	1	0
(3)		1	9	1			1	1	0
(4)			1	7	1			1	0
(5)		1		1	6	1		1	0
(6)	1				1	4		1	0
(7)	1	1	1				2		-0,5
(8)	1	1	1	1	1	1		2	-0,16667

Momententabelle 92.

Gleichung	φ1	φ2	φ3	φ4	φ5	φ6	φ7	φ8	φ9	μ1	μ2	μ3	Rechte Seite d. Gleichung Multiplikator: W·h/2ξ
(1)	6	1				1				1	1		0
(2)	1	8	1		1					1	1		0
(3)		1	9	1						1	1		0
(4)			1	9	1				1		1	1	0
(5)		1		1	8	1		1			1	1	0
(6)	1				1	6	1				1	1	0
(7)						1	4	1				1	0
(8)					1		1	6	1			1	0
(9)				1				1	7			1	0
(10)	1	1	1							2			-0,83333
(11)	1	1	1	1	1	1					2		-0,5
(12)			1	1	1	1	1	1	1			2	-0,16667

Momententabelle 93.

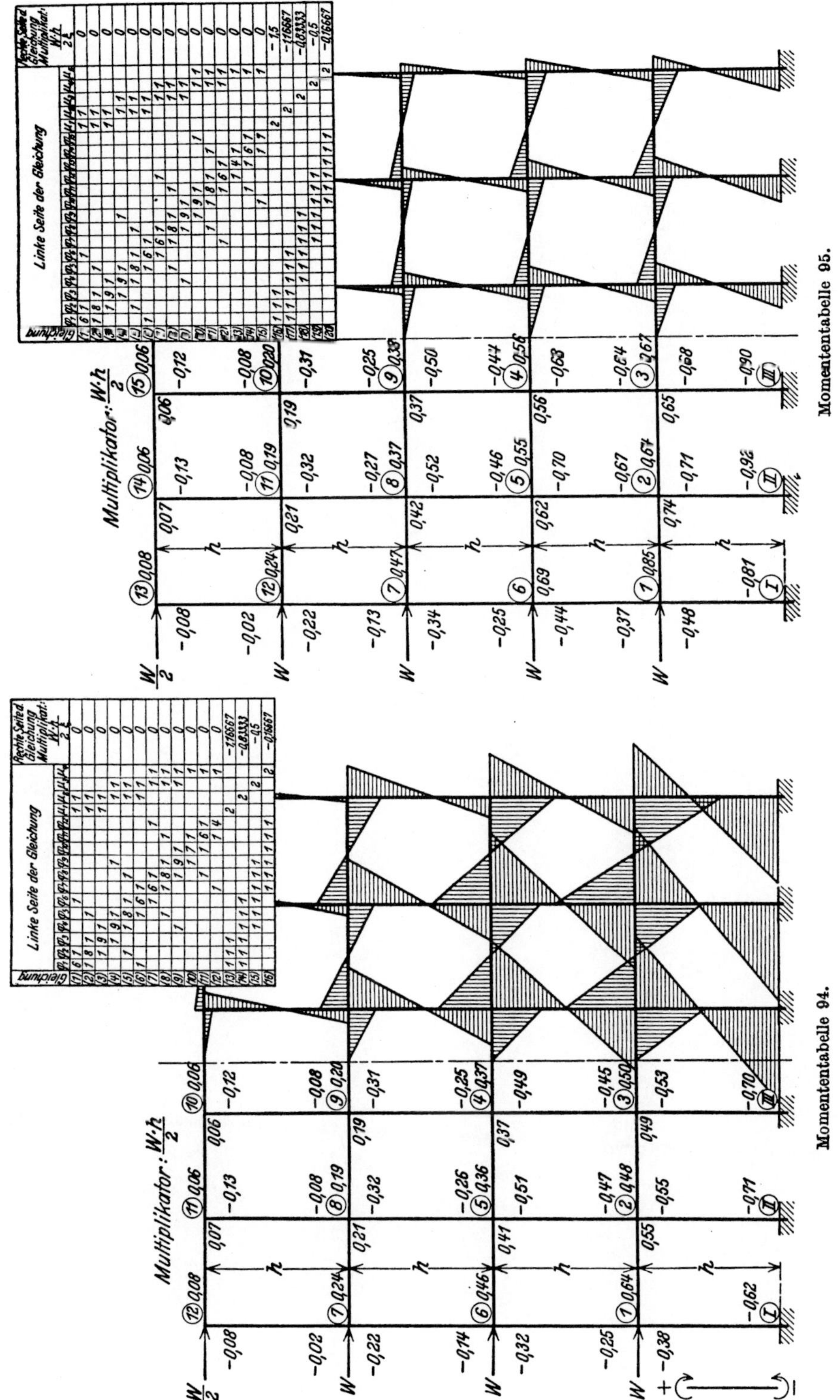

Momententabelle 95.

Momententabelle 94.